U0066778

FAVORIUS
Funchal
Madeira Archipelago
Ponta Delgada
Azores Archipelago
AUSTER
Lisboa
Santarém
MIRA RIVER
SADO RIVER
Faro
Beja
Évora
Portaleg
GUADIANA RIVER
PORTUGAL
SPAIN
1
2
3
4
9
10
13
14
15
Madeira
Alentejo
Ribatejo
Portugal's Wine Landscapes
MAP
by: Zé Miguel Cardoso
hand-drawn
with ballpoint pen

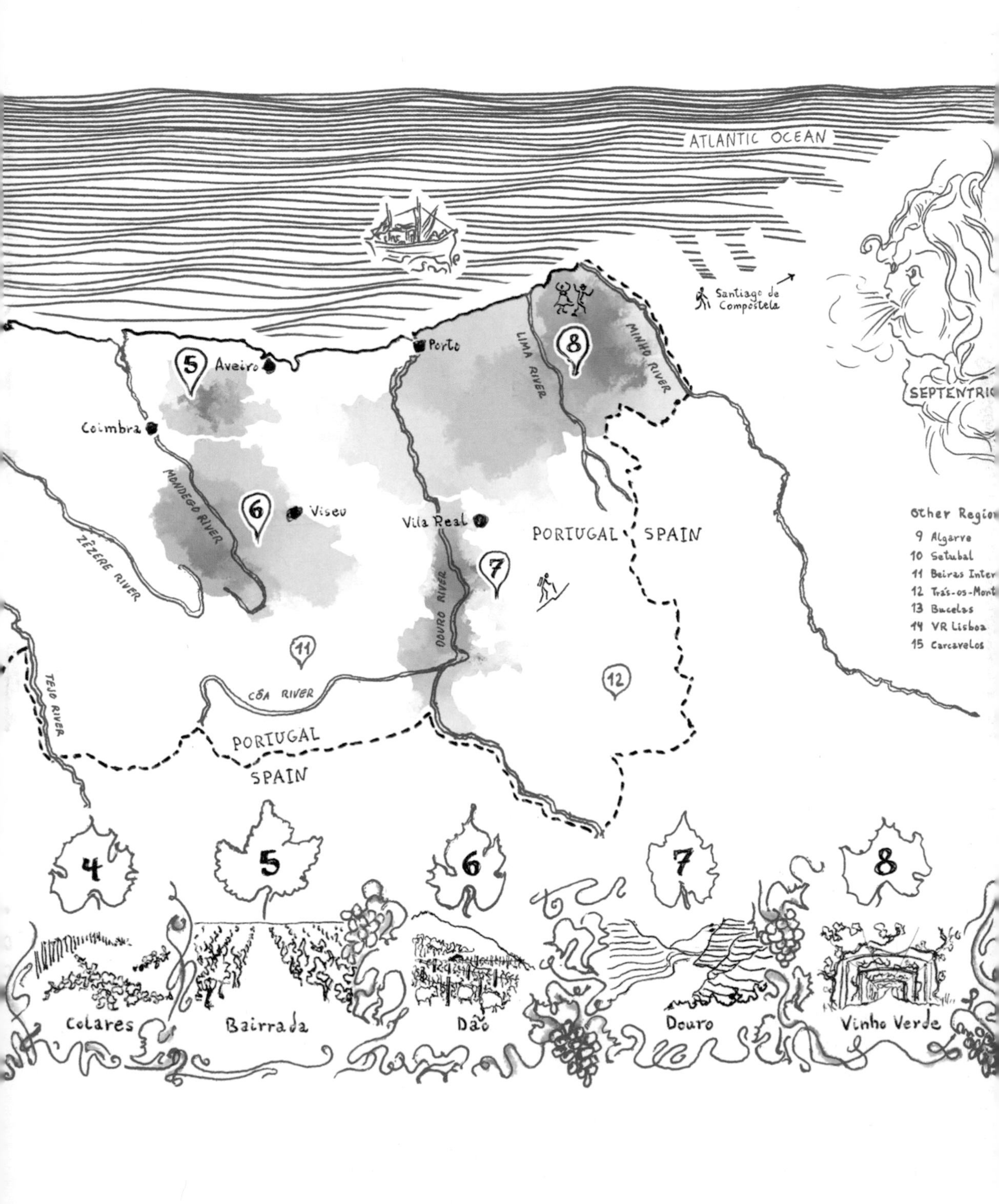
ATLANTIC OCEAN
Santiago de Compostela
SEPTENTRIO
Porto
Aveiro
Coimbra
Viseu
Vila Real
LIMA RIVER
MINHO RIVER
MONDEGO RIVER
ZÊZERE RIVER
DOURO RIVER
CÔA RIVER
TEJO RIVER
PORTUGAL
SPAIN
Other Regions
9 Algarve
10 Setubal
11 Beiras Inter
12 Trás-os-Mont
13 Bucelas
14 VR Lisboa
15 Carcavelos
Colares
Bairrada
Dão
Douro
Vinho Verde

腳踩葡萄

遺 落 在 時 光 裡 的 葡 萄 牙 酒

腳踩葡萄

FOOT TRODDEN

Portugal And the Wines That Time Forgot

遺落在時光裡的葡萄牙酒

作者：賽門・J・沃爾夫（Simon J Woolf）
攝影：萊恩・歐帕茲（Ryan Opaz）
翻譯：柯沛岑　萬智康
審校：單瑜

作者：賽門・J・沃爾夫
攝影：萊恩・歐帕茲
譯者：柯沛岑 萬智康
審校：單瑜

中文編輯：游雅玲
版面構成：荷米斯工作室
印刷 ：侑旅印刷事業股份有限公司
出版： Utopie 無境文化事業股份有限公司
地址 ：高雄市苓雅區中正一路120號7樓之1
電話 ：07-3987336
E-mail ：edition.utopie@gmail.com

一版一刷 ：2022 年 10 月
ISBN ：978-626-96091-5-4
定價 ： 760 元

Original title：Foot Trodden：Portugal and the Wines that Time Forgot

Cover, design, layout and artwork：Studio Eyal & Myrthe
Map design：José Miguel Carvalho Cardoso
Editor： Andrew Lindesay

Printed in Taiwan

獻給葡萄牙的釀酒師與種植者

目錄

序言

我和葡萄牙的情緣，若不是一個不經意的問題和一場偶然的相遇，幾乎不會發生。

2003年，我和未婚妻Gabriella決定辦一場另類的婚禮，對我們而言，與其把錢揮霍在盛大的婚宴典禮，不如到葡萄牙自助旅遊三週。雖然我們在葡萄牙有些家族關係，也聽過不少當地的一些奇聞軼事，但除此之外，還真不知會有什麼際遇。

當時我才剛愛上葡萄酒，在一家酒鋪工作沒多久，而Gabriella則想更深入探索葡萄牙的人文地理。由於那是我們初次踏上歐洲大陸，我們決定要充分把握機會，走遍里斯本到波爾圖之間的所有景點。

我阿姨曾在1970年代到葡萄牙作交換學生，當時她結識了與波特酒商有些淵源的Allen一家人。Allen家族在19世紀時短暫地擁有過知名的斗羅區酒莊Quinta do Noval，之後和其他酒莊也都還有聯繫。阿姨回國後，經由她的描述，艾倫一家人溫暖好客的天性，以及他們莊園Villar d'Allen裡的稀珍古董，都成為我們家族流傳的故事。於是乎，抱著滿滿的好奇心，我們決定前往拜訪。

抵達波爾圖時，天公不作美陰雨連綿，我和Gabriella擠進了間電話亭，試圖撥打濕皺的紙條上幾乎難以辨識的號碼，電話被接起，另一頭說的是葡萄牙語，我向對方提及了我阿姨並解釋我的身分。不消一刻，José Allen便現身來接我們到他家作客。儘管素未謀面，我們卻受到如家人般的招待。

José得知我對波特酒充滿好奇，於是到了傍晚用餐時刻，他在分享他家族與這棟樓房的故事之際，順勢從酒窖中拿出一瓶令人讚嘆的19世紀波特酒[1]。就這樣，我們邊啜飲邊聊天到深夜時分，我和妻子感覺就像是回到了家。José建議我們走一趟斗羅河谷了解當地的歷史文化，他能聯繫到一兩個人接應我們。斗羅河谷對當時的我來說仍只是個地名，我全然不知該抱著什麼期待。

我和Gabriella很快地就訂了火車票，帶著《孤獨星球》的旅遊指南，前往佩蘇達雷瓜（Peso da Régua）。畢竟是多雨的一月，我們一下火車就是一陣淒風慘雨，兩人拖著疲憊的身體在潮濕陰冷的天氣中尋找鎮上最便宜的旅館。而我們找到了一家名叫「帝國」的旅店，聽起很高檔實際上卻不然。度過狼狽的一晚後，翌日我們迅速著裝，先出發找杯熱咖啡暖暖身，再尋訪聞名已久的壯觀景色。

2003年的斗羅和現在相差甚遠。當時既沒有基礎觀光建設，更沒有花俏的旅遊手冊引導遊客，遑論智慧手機和地圖應用程式也不存在。雷瓜市並非觀光友善之地，加上一月嚴寒多雨，許多場所都缺乏暖氣或禦寒設備，我們時常冷得直打哆嗦。

當時猜想以我葡萄酒店經理的身分，要參觀一兩家酒莊應該不難，於是動身前往雷瓜市唯一與波特酒相關的機構——波特酒和斗羅葡萄酒協會（Instituto dos Vinhos do Douro e do Porto, IVDP），期望IVDP能推薦幾間能參訪的酒莊，或至少針對像我們一樣的葡萄酒新手給些意見。造訪的當天烏雲密布，我走上宏偉卻褪色的花崗石建築的前門，按下門鈴。

我以我的破巴西式葡萄牙語解釋此趟來斗羅的目的，卻換來一雙雙茫然的眼神。不久，他們硬推了個代表來應對。我提出了請求，希望他們能推薦幾個能參觀的地點，只見對方張口結舌，顯然他們不常回答觀光客這樣的問題。最後他表示幫不上忙，建議我不妨到外頭探索，我好奇他們到底以為我們會去哪，但也只能草草道謝告辭。

頓時我感到心灰意冷，大老遠跑來斗羅，卻找不到半個能幫助我們的人。離我們預定參觀José推薦的酒莊還有一整天的時間要消磨，我們索性找了間河畔的咖啡館打紙牌，喝著便宜的斗羅酒，等待靈光乍現的一刻。

---

[1] 那是一瓶1879年的Quinta do Noval。

隔日，我和Gabriella決定在結束上午的酒莊參訪後，便提早一天打道回府。我們又濕又冷，也受夠連綿不絕的雨景。當時哪裡知道，雷瓜市僅是斗羅的入口，要再往河谷上游去，才能抵達我們朝思暮想的壯闊山河。

為了殺時間，我們早餐消磨許久，順便塞些免費食物到背包裡（背包客的生存法則之一），接著便跳上計程車前往José在我們破舊的旅行日誌中寫下的地址。計程車載著我們從一個山頭繞到另一個山頭，五分鐘後我們抵達Quinta do Vallado酒莊，它就位在陡峭的山坡上，四周環繞著葡萄園，建築外觀略微破舊。下車之後，來迎接我們的是帶著深沉磁性嗓音的Cristiano Van Zeller[2]。Cristiano是個大人物，將近200公分的身高令人肅然起敬，但他一展開笑顏，我就知道我找到了新朋友。

Cristiano帶著我們進入酒莊，並向我們介紹他的朋友兼商業夥伴Francisco Olazábal[3]。我已經記不太起當時的參觀內容。那時候還沒有所謂的精品旅館或現代酒莊，我對於那棟建築的印象就是實用大於美觀。最後我們到了品飲室，也是酒莊完成調配酒的地方。我們在邊試飲邊聊間，大致了解了這個產區概況、歷史和葡萄酒，總算有點身歷其境的感受。

離開之際，Cristiano隨口問了一句，卻從此改變了我的人生：「那麼，你們倆覺得斗羅如何呢？」

向來有話直說的我只能據實以告，一股腦地道盡對雷瓜市的失望：這裡既無事可做，也沒有資訊可用，天候又濕又冷的情況下還求助無門，連IVDP也幫不上忙。我脫口而出：「老實說，我們正打算回到波爾圖，繼續我們的旅程。」Cristiano震驚到下巴都掉了下來，彷彿大地都在搖動。他堅持我們給斗羅第二次機會再離開。

---

2 Van Zeller是Quinta do Vale D. Maria的莊主，但在2000年代對於Quinta do Vallado的建立有極大的貢獻。

3 Quinta do Vallado為João Ferreira Álvares Rebeiro與表親Francisco Ferreira掌管；由Francisco 'Xito' Olazábal擔任其釀酒顧問。

我和Gabriella兩人不可置信地看著Francisco和Cristiano兩人商討計畫，不久，Cristiano打電話連繫位於河谷更上游的旅館。猶記我們必須在有限的預算下，還勉強同意多付每晚100歐元的住宿而深感焦慮。Cristiano問我們要不要在旅館用餐，我們緊張地表示還是出去吃就好。他笑著回說：「那可沒辦法，附近方圓幾英里什麼也沒有！別擔心，我請客。」

Cristiano載我們回到雷瓜市收拾行李，他為了必須先去赴一場午餐的約而向我們致歉，但保證只要再坐一小段火車和計程車就能抵達我們的下榻之處。我們認命地付了不該花的錢，但顯然這將會是一場冒險之旅。

我們離開雷瓜市後一路往河谷內陸，窗外掠過的景色令我們大開眼界。眼前的坡地逐步升高，梯田愈發險峻陡峭，我們開始理解為什麼人們會愛上斗羅河谷。計程車開到最高峻的山坡之一，來到一座18世紀的莊園別墅Casa do Visconde de Chanceleiros。說這裡是個鳥不生蛋的地方還算言之過輕。

一位高大的德國女性笑容可掬地迎接我們，她引領我們到小木屋，裡頭備有暖氣和鬆軟的羽絨被。那是我們好幾天下來第一次感到溫暖乾爽，宛如天堂。

當晚我們在主房的飯廳用餐，我們背包客的衣著顯得與富麗堂皇的裝潢格格不入，但還是品嚐了傳統套餐，包括湯品、烤肉、以及不可或缺的米飯與馬鈴薯，也喝了不少酒。酒足飯飽後，我們隨著別墅主人在爐火旁啜飲波特酒，兩隻大狗悠閒地躺在我們腳邊休息。我們聊了一點莊園的歷史，以及我在葡萄酒方面的經驗，女主人則提及了最近來過的知名人物——美國資深酒評Matt Kramer。當下我真覺得來對地方了。

那晚是我們這趟旅程以來睡得最好的一次。

Casa do Visconde de Chanceleiros的位置並不在斗羅河畔，而是隱身於崢嶸山谷裡。隔天我們起床時，看到了無與倫比的景色。夜晚氣溫下降，大地結霜，彷彿在葡萄藤上留下皚皚仙塵。在晨光下，它們像鑽石般閃閃發亮。就在那刻我知道我將會再回來。

早膳後，我們依依不捨地離開，出發前往Cristiano位於皮尼楊（Pinhão）附近的酒莊Quinta do Vale D. Maria。計程車司機聽到我們報上酒莊名就知道位置。我們沿著蜿蜒山路行進，讚嘆著窗外的景觀，一掃先前心中的不滿。

車子在酒莊停下，下車後，我們跟Cristiano和另一個男人握手，後來才知曉那男人是當地市長。Cristiano向我們致歉後先去開會，把我們交給酒莊的釀酒師Sandra Tavares da Silva。

Sandra幾乎與Cristiano同高，但體態更為修長優雅。我們後來才知道他原本是職業籃球員，也曾當過國際模特兒，這兩個身分聽來都不令人意外。Sandra邊帶我們參觀酒莊邊分享故事，也讓我們做了桶邊試飲，這對我來說可是初體驗。她和善的笑容、她對斗羅河谷的熱愛，在在使我們覺得還好當初聽從了Cristiano的堅持。

之後我們搬到歐洲，與Cristiano和Sandra也愈加熟稔。但這段斗羅之旅暫時告一段落。我們回到了皮尼楊，在酒館簡單吃過中飯後，便搭火車回到波爾圖。

我們2005年搬到西班牙，2013年決定在葡萄牙永久定居。當時我們的兒子即將出世，而葡萄牙與其人們的簡樸生活早已深植心中。我們的葡萄酒行銷公司Catavino逐漸轉為旅遊代辦。如今我會固定向遊客介紹葡萄牙。每當我帶人遊覽斗羅，我就能透過他們的眼睛，重溫在斗羅河谷醒來的美好時刻。天底下還有什麼比這更適合我的工作呢？

葡萄牙的美難以言喻，我試圖用相機捕捉其獨特的時刻與人物，希望這些照片能如實呈現。葡萄牙還有許多精彩的故事與絕美的景觀，而這本書展現的僅是冰山一角。若要把所有感動我的故事集結成書，那恐怕能寫成50冊了。如今，我還在學習葡萄牙的精神，必然還有更多故事要記錄。

回想起2003年1月寒冷的冬日，要不是Cristiano意外的介入，想必這一切都不會發生。

Ryan Opaz，於波爾圖，2021年6月

2016年秋天的某個時刻，我和Ryan第一次開始談論寫書。那是在斗羅的深夜，我們已經開了不少好酒。但當時我的心思都還放在第一本書《橘酒時代》（Amber Revolution），因此儘管我身在他方，心仍在義大利、斯洛維尼亞、喬治亞徘徊。

自2013年起，Ryan便處心積慮地固定邀請並誘惑我到葡萄牙認識當地的酒。他知道有些好東西我一定會喜歡。這招果然奏效，我也漸漸愛上了葡萄牙這個國家與它的酒。但當我們試圖要更深入了解葡萄牙，卻被一個看似無解的問題給難倒了：

葡萄牙酒這麼好，為什麼愛好葡萄酒的世界對它的理解卻少之又少？這本書在各方面來說是我們的長篇回答。透過記錄我們收集的故事、共享的經驗與這四年來支撐我們研究而喝掉的好酒，我們希望能讓讀者看到謎團解開的種種過程。

或許上述問題聽來令人意外甚至帶點自以為是，但這完全是出自於我個人經驗，以及從其他人身上所觀察到的狀況。對於葡萄酒一向充滿好奇的我，最早先愛上法國酒，之後拓展至義大利以及往東延伸的國家。西班牙當然也在我探究的範圍中。然而葡萄牙卻始終像個謎。我了解所有波特酒和馬德拉酒的技術層面，對於綠酒也略知一二，但主要的品飲經驗還是來自在巴塞隆納時接觸西班牙版的量產綠酒（Pescador）。

除了這些老套的選項，我不知道該打哪找真正的葡萄牙酒。2012年，我參加了葡萄牙酒展（Wines of Portugal）在倫敦主辦的大型品飲會（主題為「50款偉大的葡萄牙酒」，由葡萄酒大師（MW）Julia Harding挑選），讓我訝異的是，現場仍是濃厚木桶味的紅酒制霸，沉重的酒瓶設計也多到令人憂心[4]。彷彿葡萄牙仍困在Robert Parker的窠臼裡，風格偏過熟厚重，以一種葡萄酒的語言大喊著：「看我！看我！」絲毫感受不到道地的葡萄牙風味。

---

[4] 許多生產者為了把自己的葡萄酒定位為高階優質酒，而有使用重瓶的壞習慣。最重的75cl瓶子可能比最輕的瓶子重500克——一旦考慮到全球運輸的成本和碳排放，就會有相當大的差異。

話雖如此，Harding在選酒方面還是下了不少工夫，她搜尋到一小部分特異的珍寶，像是Quinta da Palmirinha、Aphros和Casal Figueira，可以說是至今為止，葡萄牙品酒會酒單最多元的一次。英國著名的葡萄牙酒作家Richard Mayson在2005年同樣的品飲會上，僅挑選了葡萄牙紅酒，因為當時他認為還沒有白酒能過關。當然，如今時代已不同。

重新檢視Harding的酒單，以及她的同儕在其它年份所揀選的酒，就能發現葡萄牙酒產業的千篇一律。我們不斷看到同樣的釀酒顧問出現，以及同一批耳熟能詳的生產者。斗羅紅酒成了這一系列酒展的主角，然而它是否就真的代表所有精彩的葡萄牙酒？

我花了好幾年的時間才能回答這問題，而真相往往比簡單的「是」或「不是」來得複雜。是的！葡萄牙人認為他們應該向全世界展示那樣的酒；不是！這當然不是葡萄牙酒的全貌。而原因就是家族經營的小型酒莊在葡萄牙相當稀缺。

我在數次造訪葡萄牙的旅程中喝到了不少珍釀，這些酒要不是極其低調隱密，就是沒沒無聞地令人震驚。一些傳統製法例如混釀粉紅酒（palhete）、淡紅酒（clarete）或橘酒（curtimenta）仍深植在葡萄牙酒文化中，只是釀酒師們不敢想像這樣的釀造風格有其商業價值，直到最近才有所改觀。

另外還有許多遭人忽略的產區遺珠，譬如科拉雷斯（Colares）或卡卡維洛斯（Carcavelos）地區、不被看好的里斯本（Lisboa）酒，以及人煙罕至的亞述群島（Azores Islands）。最令人震驚的，是發現阿連特茹（Alentejo）的傳統陶甕（talha）釀酒文化仍活躍盛行，而非許多報章雜誌所寫的失傳技藝。

慢慢地，我開始發現到一些與2012年酒展的主流大相逕庭的葡萄酒。這些酒包括新鮮輕盈的斗羅紅白酒，甚至還有橘酒和粉紅酒。只要你知道上哪找，就會看到處處是釀酒能才、源源不絕的新穎創意以及注重葡萄牙本色的趨勢。大多時候是年輕一輩甚或釀酒素人去推動有機或生物動力法農耕，依我之見，這兩種農法對於人民的福祉、土地的永續都至關重要。

雖然在某些歐洲國家，自然酒與傳統葡萄酒的聚落往往變得壁壘分明，但葡萄牙迄今為止兩極化的情況較不顯著。無論如何，葡萄園和酒窖內的人工干預明顯減少了，葡萄牙酒最精采的個性因而得以發光發熱，這樣的趨勢我頗看好。原生葡萄和古老的葡萄酒風格不必媚俗，亦不用修飾，因為國際間勇於嘗試的品飲大眾日益增加，準備好欣賞葡萄酒的原貌。

我和Ryan聊得愈多，愈覺得該好好寫一本書，專門介紹葡萄牙酒世界的無名英雄與不為人知的角落。但若要回答問題的核心，仍須深究葡萄牙的文化。人們釀酒的動機為何？歷史在葡萄牙酒業留下了什麼痕跡？為何葡萄牙酒業現況如此？為何在推廣方面，葡萄牙最大的敵人有時竟是自己？

對我來說，比起釀造的技術資訊，以上這些問題的答案能讓人更了解葡萄牙酒。我和Ryan都是重度的葡萄酒迷，我們想寫的書是能跳脫品酒筆記、地質分析、釀造細節。

Ryan的攝影經常提醒我，葡萄牙最迷人的地方是這國家的人民與他們的故事。

因此《腳踩葡萄》主要是這些故事的集結，而不是葡萄牙酒的完整指南。我們精選了一小批的酒農和生產者，他們的故事值得一聽，他們的酒令人回味。書中的八個章節大致上以產區劃分，除了第一章是交代背景，介紹葡國重要的文化與歷史。我們大致從北到南貫穿介紹，但不免還是有些遺珠，譬如特拉斯-奧斯-蒙特斯（Trás-os-Montes)、塞圖巴爾（Setúbal）和亞速爾群島（Azores）等地區都必然能勾起葡萄酒愛好者的興趣，可惜我們的故事還沒能帶大家探索這些產區。

我們相信透過書中的故事，能更清晰展現出真正的葡萄牙和葡萄牙酒的本質，希望讀者會因此得到啟發去尋找這些酒款，並考慮一趟屬於你自己的葡萄牙之旅。

Simon J Woolf，於阿姆斯特丹，2021年6月

想要了解葡萄牙的各種葡萄品種、土壤類型或是值得注意的生產者，我們在參考書目中列出了相關資訊。另請查看FootTrodden網站（foot-trodden.com)，上面提供了本書中所有種植者的簡介以及更多其他內容。

Vilar d'Allen 的酒窖

第一章

通往葡萄牙酒的入口

Entrada

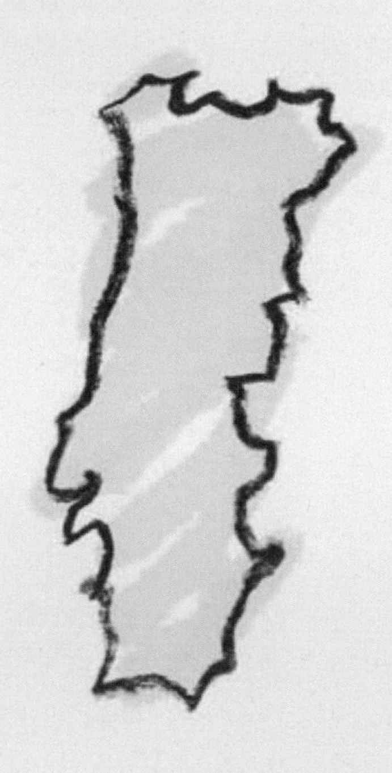

2013年2月8日，位於波爾圖（Porto）市中心，離斗羅河畔（the Douro river）僅有幾步之遙的濕冷地窖裡聚集了16名葡萄牙釀酒師。之後接連兩日，從黃昏到傍晚，這地窖湧入上百人，當中不乏釀酒師的朋友、顧客、同事，大家齊聚一堂飲酒暢敘，舉杯歡慶，甚是熱鬧。

這是一場名為Simplesmente Vinho的活動，主辦人正是斗羅區酒莊Quinta do Infantado的莊主João Roseira和 Muxagat/Trans Douro Express的莊主Mateus Nicolau de Almeida。當時全葡萄牙最受矚目的酒展Essência do Vinho就在隔幾條街外歡慶十周年，而João Roseira借用他兒子Gustavo的設計長才，把自己辦的活動宣傳為是大酒展旁的地下沙龍聚會。

當時沒人知道，這場隨性的聚會將成為葡萄牙酒的關鍵時刻。如同電影預告透露精彩可期的劇情，Simplesmente揭示了一個比以往更堅定、精采多元的葡萄牙酒新世紀即將到來。

Simplesmente何以如此重要？它提供了一個讓獨立釀酒師展現的平台，而這些人往往在其他歐洲國家的釀酒圈中名聲響亮，譬如受到1976年創立的法國獨立酒莊協會（France's Vigneron Indépendent）的高度讚賞，但直至1990年代前，他們在葡萄牙幾乎是沒沒無聞。

然而，類似Simplesmente這樣的獨立酒展在葡萄牙並非創舉。1999年至2008年間，Roseira和Quinta da Boavista/Rufia莊主João Tavares de Pina每年會籌辦Dão e Douro酒展。自然酒進口商先驅Os Goliardos則自2010年開始就在里斯本舉行Vinho ao Vivo戶外品飲會，活動氣氛輕鬆愜意，參展的則全是歐洲的獨立釀酒師。

Simplesmente與先前那些活動不同的是，他們竟選擇舉辦在葡萄牙最大、最商業化的酒展附近，這無非是刻意引人比較並反思，「為何小人物總是被忽略？」

主辦人Roseira和Nicolau de Almeida會有這樣的靈感，除了兩人個性向來叛逆，他們也受到國外酒展的影響。確切來說，他們在2013年1月參加巡迴品酒會Haut les Vins，而那年的Haut les Vins是在南法蒙彼利埃（Montpellier）舉行的大型年度酒展Vini Sud的周邊活動。

兩人在回程路上便興沖沖地討論了起來，「我們何不在Essência旁舉辦類似的活動？」這時Nicolau de Almeida腦中立刻浮現一個完美場地，地點就在Largo do Terreiro路上，他給了Roseira地址後建議他前去探勘。那場地其實是Skrei建築公司的一個地下室，一走進會看見三個狹窄的暗色石拱，不久前才辦過活動，觀眾席是稻草包做的，地上還留有不少稻草和垃圾。Roseira說道：「我一看到老鼠四處亂竄就說，好！就是這裡了！難道這地方還不夠自然嗎？」他回憶道，「於是我和Nicolau de Almeida各自打給我們的朋友，就這樣聚集了16位釀酒師。」

2013年Simplesmente Vinho參展酒莊

綠酒區（Vinho Verde）：Aphros, Quinta da Palmirinha, Anselmo Mendes

斗羅區（Douro）：Mateus Nicolau de Almeida, Conceito, Quinta do Infantado, Quinta da Covada, Quinta de Vale de Pios

杜奧區（Dão）：João Tavares de Pina, Lagar de Darei, Quinta da Pellada

百拉達區（Bairrada）：Quinta das Bágeiras, Luís Pato

里斯本區（Lisboa）：Casal Figueira

阿連特茹（Alentejo）：Quinta do Mouro, Vitor Claro

他們的活動構想恰恰與Essência do Vinho形成對比。Essência的舉辦地點是在金碧輝煌的證券交易所宮（Palácio da Bolsa），那是波爾圖的歷史建築，也曾是波特酒的交易中心。場地的富麗堂皇自然不在話下，光是參展費就高達四位數。負擔得起的酒廠一定會精心安排行銷陣仗，攤位上也少不了年輕貌美的員工招呼著。參展者追求曝光度，藉此宣揚他們的品牌代表著葡萄牙酒業的高級品。而最吸引葡萄酒門外漢的，不外乎是付了入場費，就有免費喝到飽的葡萄酒。Essência do Vinho與其說是酒展，不如說是狂歡暢飲的耐力賽，會場內的酒客比肩接踵，免不了一番推擠碰撞。

*Simplesmente*的籌辦人 *João Roseira*

相較於Essência，Simplesmente的參展費價格實惠。每家酒莊分配到的攤位大小和擺設都一樣，他們各有一個葡萄酒桶，供員工和顧客圍聚。現場沒有展示架或是精美裝飾，而為客人倒酒的那位很有可能就是釀酒師本人。這樣不修邊幅的草根性活動，正巧反映Roseira前衛反骨的個性。

雖然Simplesmente並非什麼新潮的概念，Roseira和Nicolau de Almeida在法國、西班牙和其他歐洲國家早就見識了不少。但那年波爾圖像是掀起了一場革命，徹底改變了三百年來葡萄牙酒業的走向。

法規與限制

一般人認為法國是分級制度和法定產區的先驅，但葡萄牙更早就訂立了相關法規。1936年，法國AOC制度首先認證的法定葡萄酒產區包括阿爾布瓦（Arbois）、卡西（Cassis）、干邑（Cognac）、教皇新堡（Châteauneuf-du-Pape）、蒙巴茲雅克（Monbazillac）和塔維（Tavel）。而葡萄牙的第一個法定產地可追溯至1756年，當時規範的酒款就是斗羅河谷的波特酒。

理論上來說，劃定法定產區是皇室法令，但實際上一手促成的卻是若瑟一世（King Joseph I）的內政國務大臣Sabastião José de Carvalho e Melo，也就是第一代龐巴爾侯爵（Marquês de Pombal）。產區制度的建立有利於刺激海外貿易，葡萄牙的酒農卻從此遭受長期的壓迫與控制。也或許如此，葡萄牙酒產業趨於廠牌和商業利益掛帥，而欠缺農法、風土或像是法國獨立酒莊（vignerons indépendants）的概念。

龐巴爾侯爵是歷史學家David Birmingham口中的「葡萄牙最具創新精神的統治者之一」，卻也是大權獨攬的獨裁者。1755年，龐巴爾受任國務大臣，同年因治理里斯本大地震有方而備受讚譽。里斯本在他革新的重建後能更有效抗震，葡萄牙一連串的現代化建設也就此展開。

葡萄酒業當然也在龐巴爾的計算當中，特別是18世紀中期已遭英國壟斷、備受國人反感的波特酒貿易。

當時英國託運酒商（shipper）壟斷波特酒市場，他們能隨意制定斗羅產區農民與釀酒師的收穫與價格。波爾圖的英國託運酒商會在英國商行（Factory House）進行秘密協商，那裡就像是他們的私人招待所。龐巴爾則意圖將英國人賺的錢納入葡萄牙國庫。

歷史學家Birmingham將龐巴爾的雄心計畫形容是「帶點貪汙腐敗的精明經濟學」，他設立上斗羅河農業公司，又稱為斗羅河葡萄酒公司（Companhia Geral da Agricultura dos Vinhos do Alto Douro）的政府機關，負責監督與規範波特酒生產，酒商進而失去掌控權並被迫以政府的訂價，向斗羅河葡萄酒公司購買波特酒的庫存，而再也無法透過價格操作圖利。此外，龐巴爾不但授予斗羅河葡萄酒公司巴西的獨家出口權（巴西在當時是關鍵市場），也唯有他們能販售波特酒給波爾圖的餐廳和咖啡店。

龐巴爾的所作所為影響甚鉅。他縮限了斗羅河谷為唯一能生產波特酒的產區，同時也容許用自家位於斗羅區南方400公里外，卡卡維洛斯區的葡萄園收成來釀造波特酒。波特酒產區地塊實際以花崗立碑來做劃分，這種岩柱又稱為商管地標（marcos da feitoria）或是龐巴爾柱（pombalinos）。為了加強區別，立碑以外的葡萄園都必須清除。龐巴爾更下令摧毀鄰近的百拉達（Bairrada）、米尼奧（Minho）、里巴特茹省（Ribatejo）的葡萄園，理由是這些產區的葡萄酒都是用來調製波特酒假酒的原料。

龐巴爾進一步立法加強波特酒品質。隨著出口量劇增，波特酒的品質也一落千丈。釀造者經常在葡萄發酵時添加接骨木汁來增色，掩蓋葡萄本質或熟度上的缺陷。龐巴爾不但下令禁止這種作法，更把斗羅河岸方圓五里格[5]的接骨木樹全數銷毀。為了限制葡萄園的產量，也不許農民施肥。

---

5 當時葡萄牙里格（league）的標準不一。換算成今日的距離約25公里或15英里。

然而龐巴爾的改革之路勢不可擋，他在1761年推行了另一項政策，即規定只有斗羅河葡萄酒公司提供能加烈用的白蘭地（Aguardente），儘管這法令可管不了人們購買國外的白蘭地來加烈波特酒。

葡萄酒品牌

波特酒可謂是成功的附加價值商品。據說在1678年，一名英國酒商在拉梅古城鎮（Lamego）的一座熙篤會修道院，發現修士將白蘭地加入發酵中的葡萄酒，釀出甜美的酒精飲料，而且不易變質，足以承受長途的舟車勞頓。這種停止發酵的做法要再過100多年後才會普及，到了19世紀初，波特酒已演化為現今眾人熟知的風格。

波特酒託運的商業化始於Kopke,Warre和Croft等公司（這三家是歷史最悠久的託運酒商），他們收購桶裝酒，用船運到斗羅河下游，在蓋亞新城（Vila Nova de Gaia）儲放陳年，最後再輸送到目的地。在1756年龐巴爾立下規範前，幾乎所有波特酒的利潤都落入這些酒商的口袋。1756年之後，利潤被政府與酒商瓜分，而真正的酒農和釀造者收入仍舊微薄。

波特酒的生產模式中農民為數居多，其中大多是小農，另外還有農人兼釀酒者，但他們的酒不會在市場販售，裝瓶商或出口商（也是託運商或酒廠）佔最少數。這樣的模式自1756年就被寫入法律。1908年的商業限制更甚，當時的國務大臣João Franco下令波特酒只能從蓋亞新城出口，波特酒的商業經營就此限於託運酒商。1933年後，葡萄牙總理安東尼奧·薩拉查（António de Oliveira Salazar）嚴加執行這項法條，直到1986年葡萄牙加入歐盟後才廢除。

20世紀初為波特酒貿易的黃金時期，蓋亞新城有81家波特酒酒商。如今情況較為複雜，隨著加烈酒在國際市場的萎縮，開始進行生產、裝瓶販售波特酒的酒莊卻反增不減。蓋亞新城中這些具有歷史的託運商經歷了大規模的合併，後來數量減少至不到巔峰期的四分之一。但斗羅河谷仍有21,000個農夫，其中只有不到500位釀酒裝瓶。

從這些數據可知，波特酒總的來說是品牌包裝的混釀酒商品，它與土地或葡萄園的關係已被切割開來。雖然在過去數十年開始有單一葡萄園（quinta）裝瓶的趨勢，1990年代以降，也有愈來愈多的小型酒莊生產波特酒和靜態葡萄酒，但以銷量來說，波特酒仍舊以大廠牌為主，像是Sandeman、Porto Cruz或Taylor's。

馬德拉酒（Madeira wine）的發展也有類似的軌跡。但在某些方面來說，馬德拉混釀酒和廠牌既有的傳統比波特酒更加根深蒂固。馬德拉酒的法定產區位在馬德拉島和離島的聖港島（Porto Santo），儘管這種帶有美味鹹感、高酸的加烈酒早已不時興，島上酒業的規模也不如以往，但在結構上變動不大。

兩百年前，裝瓶販售馬德拉酒的酒商約莫有70間，但經過19世紀粉孢菌（Oidium，白粉病）和葡萄根瘤蚜蟲的摧殘（Phylloxera，一種啃噬葡萄藤的蚜蟲，幾乎毀掉歐洲所有的種植葡萄，1868年侵襲葡萄牙北部），葡萄產量大幅銳減，加上酒廠合併與市場萎縮的影響，如今馬德拉酒商僅存8家，但島上仍有2000名註冊農民，他們栽種的土地面積平均一人也才0.3公頃[6]。

此外，馬德拉酒業受制於監管機構「馬德拉酒、刺繡和工藝品協會」（Instituto do Vinho, do Bordado e do Artesanato da Madeira, IVBAM，他們也推廣島嶼傳統刺繡和其他工藝品）。該協會規定新的馬德拉酒生產者必須要有120,000公升的庫存量才能取得執照。因此酒農要建立小型精緻酒莊的可能性幾乎為零，除非他們能取得一定存量的老年份馬德拉酒[7]。

馬德拉酒和波特酒都是一種品牌包裝的混釀酒商品，消費者與農民的連結極為薄弱。不論你喜歡的是Henriques & Henriques、Barbeito或是Blandy's，你所偏好的品牌與葡萄在島上哪裡生長或種植者是誰都沒關係。種植者通常是老人家，他們很樂意將葡萄賣給最先上門的代理商或是生產

---

[6] 根據2020年Instituto do Vinho, do Bordado e do Artesanato da Madeira（IVBAM）的官方數據。

[7] 只有一個例外，會在第七章提到。

者。雖然許多農人都能自己釀製簡易的餐酒（vinho seco干型酒），但僅供家中飲用，嚴禁出售。

斗羅區和馬德拉島在19世紀雙雙受到粉孢菌和根瘤蚜蟲的重創。波特酒變得稀缺，它的忠實買家，特別是英國人，不得不尋找其他替代品。當時葡萄牙僅剩一個小產區因砂質土壤而逃過根瘤蚜蟲的劫難，那是位於里斯本西北海岸的科拉雷斯（Colares），該區生產的紅酒酸度高、帶有鹹味，過去經常需要至少十年的陳放，但在1900到1920年間，消費者別無選擇，科拉雷斯紅酒因而變得炙手可熱，進而造成產量過剩和假酒的問題。

里斯本地方政府為了解決酒業亂象，規定科拉雷斯的葡萄只能採自懸崖邊的沙質地，更在1931年建立了科拉雷斯地區酒廠（Adega Regional de Colares），這是葡萄牙第一間國營的釀酒合作社。數年後，地方政府立法要求所有科拉雷斯的農民都必須入社，換句話說，他們採收的葡萄都必須送到合作社，合作社成為唯一能夠釀造葡萄酒的場所。

回顧過往，這些規範固然情有可原，卻也阻斷了小型生產者和農民在商業市場上立足的可能性，造成科拉雷斯產區一共有690個農民，卻只有一個釀酒合作社的局面，能夠購買桶裝酒並陳年販售的酒商（négociants）更是屈指可數。如果這情況聽來耳熟，那是因為他們和斗羅區和馬德拉島所建立的模式十分相似。

爾後數十年間，釀酒合作社遍佈全國。其中，杜奧區（Dão）有特別嚴格的規範，政府禁止農民販賣葡萄給私人酒莊，實際上就是迫使所有酒只能在國營設施中釀造。

新政舊法

在近代史中，1933年薩拉查的新國家政體（Estado Novo）對葡萄牙的影響至深。即便在他1970年的逝後50多年，大多當地人對這位意志堅定的統治者仍各有評價。

1889年，薩拉查出生於維塞烏（Viseu），他的獨裁專制與龐巴爾不分軒輊，但在其他方面，他與光鮮亮麗的龐巴爾卻又是大相逕庭。人們常說薩拉查獨裁，而歷史學家則稱之專制，原因是新國家政體雖透過國家安全警備總署（PIDE）的秘密警察暗中執行政令，卻從不採用像法西斯或是極權主義的意識形態言論，這是他們與德國納粹或西班牙佛朗哥時期的極端法西斯政體最大的差別。

薩拉查執政的36年間鮮少公開露面，隨著年紀愈大也愈發孤僻。他不是特別動人的演說家，也不講究尊榮排場，而且居所簡樸，一生未娶。薩拉查的傳記作家Tom Gallagher寫過，天冷時他在辦公室寧可蓋條毛毯在腿上也不開暖氣。另外，薩拉查對家鄉杜奧的情感深厚，每年一到農耕的關鍵期，便會返鄉待在他的鄉村小屋和葡萄園。

薩拉查志在穩定葡萄牙動盪的經濟，鞏固政權，這兩點他都做到了。他的經濟政策有兩大要旨。一是刺激大企業與出口的成長，確保國庫無憂，二是反對自由主義、反對現代化、反對發展。葡萄牙在他的任期間逐漸走向封閉，彷彿凍結了時間。他最著名的事蹟就是拒發可口可樂的進口執照，他認為該品牌即是現代化的象徵，進口只會汙染葡萄牙的國魂。

薩拉查也不贊同工人階級擁有太多機會，高等教育或財富自由。他的目的是創造服從的選民，排除異議，才能順利治理國家。《葡萄牙簡史》（A Concise History of Portugal）的作家David Birmingham在書中提到，新國家政體倡導的是「愛國、父權、保守」。薩拉查認為國家維持「落後」有其好處，他在反對可口可樂時曾解釋過，「我認為落後這說法是褒不是貶。」

身為農民本該感到榮耀與驕傲，但這光環卻無法換來經濟上的回報，因為新國家政體從未以任何津貼或福利的形式來補助農民。葡萄牙的鄉村依舊貧窮困苦，到了1970年代許多北部地區屋內甚至連水電都沒有。1980年代葡萄酒商拜訪斗羅河谷時，就對當地落後的基礎建設感到驚愕萬分。此外，薩拉查政權也力行保護主義。譬如在1937年有明文規定，打火機業者每年必須支付牌照費，如此一來才能保障國家獨攬的火柴事業。1970年當這條法規的鬆綁時，紐約時報報導此舉或許是葡萄牙現代化的開始。

新國家政體對葡萄牙酒產業的影響深遠。薩拉查傾向社團主義（pro-corporatism），因此並不會阻撓確實有利潤的企業。就這點來說，當時的波特酒和馬德拉酒的大酒商都還能恣意持續他們的商業模式。但若某產區的酒有任何品質瑕疵或不一致，政府會立即介入，這也解釋了為什麼國營的釀酒合作社遍布全國各地。同樣的，勞動階層（酒農）與裝瓶販售的酒業巨頭毫無連結。

薩拉查非常清楚葡萄酒貿易是國家經濟的命脈，他有句名言，「葡萄酒所帶來的食糧，足以餵飽一百萬個葡萄牙人」（Drinking wine provides food for one million Portuguese）。如同前任龐巴爾，他也試圖要制定產區規範。1916年，他撰寫了關於「生存危機」（Crisis of subsistence）的文章，1920年代末到1930年代初（他正要從財務大臣升任為首相前），他強迫阿連特茹改種小麥。但阿連特茹人往往無視法律，如酒農兼釀酒學教授Arlindo Ruivo所說，人民會把新的葡萄藤種在橄欖樹下，以避人眼目。

在薩拉查時代，有幾個大型葡萄酒公司經營得有聲有色，譬如綠酒區的龍頭Aveleda，他們在1939年推出初階品牌Casal Garcia，而他們的姐妹公司Sogrape（當時是名為葡萄牙日常餐酒商會、Sociedade Comercial dos Vinhos de Mesa de Portugal）在1942年創造一款微甜微氣泡粉紅酒Mateus Rosé，其酒瓶設計仿世界大戰時期的軍用水壺，儘管過了一段時間後才找到市場，但在1960年代開始風靡全球。

Mateus Rosé在十年間銷售到120個國家，這款除了葡萄牙之外什麼產區沒標的酒，混有高比例的巴加葡萄（baga），巴加的高丹寧和酸度在過去向來不討喜，知道的人都會覺得這款酒有點意思。雖然Mateus Rosé讓Sogrape大獲成功，但它的普及性對葡萄牙酒名聲是好是壞難以斷定，是否會淪為聖母之乳（Liebfraumilch），讓一整個世代對德國白酒反感，這點仍有待商榷。

José Maria da Fonseca是塞圖巴爾的另一個大酒商，到了1944年也大量生產粉紅氣泡酒Lancers Rosé，主攻美國市場。和Mateus一樣，Lancers也是特殊瓶裝，沒有標示確切產地，卻仍深受消費者喜愛。

當整個西方世界醉心於廉價的葡萄牙粉紅酒（你還能看到吉米．罕醉克斯（Jimi Hendrix）和史蒂夫．賈伯斯（Steve Jobs）等名人暢飲Mateus的照片），薩拉查的政權正逐漸衰落。十多年來，葡萄牙在非洲發動的殖民戰爭失策，耗費龐大的軍事開銷。1968年，薩拉查因不明原因中風。據當時報導，他在打開摺疊長椅時不慎跌倒，但真相或許沒那麼體面，2009年有報導透露，薩拉查跌進了澡盆裡。

16天後薩拉查住院並陷入昏迷。等到他恢復意識後，他的親信還得瞞著他掌權者已換人的事實。然而繼任者卡埃塔諾（Marcello Caetano）缺乏薩拉查的決心與魄力。1974年，康乃馨革命（Carnation Revolution）爆發，新國家政體隨之倒台。儘管這是一場和平政變，葡萄牙酒業的未來仍是危機重重。

新國家政體倒台後經過兩年的混亂，親共的革新派系有意建立人民共和體制。所有銀行、媒體、南方的農業轉為國營化。許多企業家和公司老闆紛紛逃出葡萄牙，留在國內的則遭逮捕，公司財產全遭沒收。

大型葡萄酒生產者損失慘重，特別是波特酒商，他們往往藉助短期鉅額借貸，才能趕在採收期付錢給酒農。銀行國營化後，政府拒絕貸款給私人企業。2018年卸任的Symington前總裁Paul Symington回想起當時他父親逼不得已，只好向農民這麼提議：雖然他無法確保能付款，但如果農民願意把葡萄送到Symington的酒窖，他擔保以酒代償。Paul想起當時穿越酒窖，就會看到酒桶上寫著一長串的農夫姓名作為借據。

Paul表示這短短的革命時期幾乎毀掉了整個波特酒產業。在1974到1975年間，政府企圖將葡萄酒業納入國營。其中一個大託運酒商Royal Oporto白白被政府徵收，一毛賠償也沒拿到。Paul認為最終拯救波特酒的人，是1974年社會黨主席Mário Soares。新國家政體時期，Soares在國外流亡，他在1972年推動了民主選舉，那是自1932年以來葡萄牙首次的自由選舉。Soares當選總理後，穩定了國家情勢，整個波特酒產業也免於國營化的命運。

艱困時代

康乃馨革命的後續效應差點斷送另一家知名的葡萄酒公司。1972年，一名愛酒的創業家Joaquim Bandeira透過朋友關係認識了地方銀行的財務長José Roquette。Bandeira相中一塊阿連特茹區（Alentejo）的歷史莊園Herdade do Esporão（Herdade意指「農莊」或「農田」），需要籌措一筆資金。Bandeira認為這塊地有種植葡萄園、釀出高品質的酒的潛力，阿連特茹向來以粗製濫造的葡萄酒聞名，當時也只有他看好這產區。

儘管Bandeira精彩的提案說動了Roquette，卻過不了銀行董事會那關。據說他們回應Roquette：「你瘋啦？我們不可能借錢給這種案子！」Roquette和妻子商討後，決定自己掏錢投資，因此他和Bandeira各出一半錢買下了農莊。

然而天有不測風雲，1973年他們才建好第一座葡萄園，隔年就遇上革命，讓他們幾乎失去所有。1975年，在民間銀行工作的Roquette被當作危險的資本家，首當其衝遭革命政府逮捕入獄。Herdade do Esporão立即被政府徵收，Bandeira和Roquette所有的心血付諸流水。

隨後，由於政府沒有正當理由起訴Roquette，他在1975年被釋放，但理想幻滅的Roquette，決定舉家移居巴西重新開始。Bandeira則和政府達成協議，以蘇維埃式的勞動契約形式，繼續留在Esporão照顧葡萄園。

到了1980年，葡萄牙擺脫共產主義，政府開始將沒收的土地一一物歸原主。Roquette這時也從巴西歸國，他偕同Bandeira與政府協商收回整座酒莊，交換條件是必須在前五年把所有葡萄送往釀酒合作社。因此Roquette常開玩笑說，合作社的酒在1980至1985年的品質最好。

Roquette和Bandeira在酒莊上投入了大量心力，並在1985年就準備好釋出酒莊的第一個年份。Esporão是相當具有前瞻性的酒莊，現任的CEO，也就是José Roquette的小兒子João Roquette，表示當時的Esporão「完全顛覆」葡萄牙酒業。他們的酒莊引進自流法（gravity-fed）、控溫不鏽鋼發酵槽，甚至使用橡木桶來做陳釀，那是Bandeira和釀酒團隊到澳洲和加州酒莊取經時所獲得的靈感。

80年代後期，Esporão底下已有350名員工，但錢也燒得兇，可見Bandeira的經商能力遠不及對葡萄酒的熱誠。1988那年的葡萄歉收，他們只好默默把大宗葡萄賣給一位不具名的買家，兩人此時面臨到一個殘酷的現實：Esporão必須得再融資，也需要專業的管理團隊才能存活。

一開始，Roquette和Bandeira打算變賣酒莊，先後與Sogrape和Rothschild家族洽談（後者當時對阿連特茹區正感興趣而到處打聽），最終未成，因此Roquette收購了Bandeira的股份，重新調整經營模式。時至今日，Esporão已是葡萄牙最大的酒莊，也是最成功的酒業故事之一，到現在酒莊仍力求精進。在國內尚未風行友善農法時，Esporão於2019年將自家700公頃的葡萄園全改為有機認證，此舉在葡萄牙前所未見，在一小群有機認證的酒莊中，Esporão無疑是其中規模最大。

Esporão改變了人們對阿連特茹產區的看法，João Roquette認為葡萄牙也因此產生根本性的改變。他說：「人們開始把葡萄酒視為品牌商品，而不再只是無差別的量產物資。」

在1980年代要讓Esporão這樣的酒莊順利運作，必須透過私人不斷挹注資金。Aveleda家族的第五代Martim Guedes解釋道：「80年代資金得來不易，和現在大不相同。」然而，對於一個尚未加入歐盟的國家，這還不是唯一的挑戰。康乃馨革命後不久，要從義大利和德國進口酒莊器材，光是搞定物流和官僚體系就是一大難題。

1980至1990年代間，著名的酒莊如Esporão、Aveleda或Sogrape還能蓬勃發展，至於其他不怎麼寬裕的人要進入葡萄酒產業幾乎不可能。那些雄心壯志但口袋不深的獨立釀酒師和農人，要等到葡萄牙加入歐盟後才有可能實現夢想。

葡萄牙人的愛與愁

說到國民性格，我們固然不該以偏概全，但受苦似乎成了葡萄牙人的天性，遑論經歷過新國民政體時期的老百姓，吃得苦頭也還不少。

薩烏達德（saudade）是無法翻譯的字，它形容一種葡萄牙人深層的感情狀態，帶有渴求、憂鬱和哀傷的情感。如同英國人的壓抑，薩烏達德是一種因應機制，對慘澹生活的妥協。英國人把壓抑當作值得驕傲的事，而葡萄牙人對薩烏達德亦是如此。

Laurie Burrows Grad在哈芬敦郵報（Huffington Post）發表過一篇文章，她形容薩烏達德是「某種缺憾……渴望回憶裡所愛的人事物卻求而不得。」長年住在紐約的葡萄牙的記者作家Sonia Nolasco表示，薩烏達德是對過去或未來的某種渴求，有時強烈到身體都疼。她指出這個字可以追溯到15世紀葡萄牙的航海時代。不知何時歸航的船員們思鄉時會感受到薩烏達德，憶起在家鄉的愛人。

葡萄牙詩人作家費爾南多．佩索亞（Fernando Pessoa）的作品中也透露出薩烏達德的個人情感。他的短詩呈現了薩烏達德的另一面貌，一種存在主義式的懷舊。

> **回想我是誰，我卻看見了另一個人。**
> **記憶裡的過去變成現在。**
> **曾經的我，我愛的人，**
> **只存在夢裡。**
> **如今折磨我的渴望，**
> **與我無關也不是過往所致，**
> **而是住在我身體那人的，**
> **盲目渴求。**
> **我只有此刻理解。**
> **我的回憶卻無解，而我感到**
> **現在和過去的我**
> **是兩相對照的夢。**

詩詞以外，法朵（Fado，「命運」之意）則是最能代表薩烏達德的音樂形式。這種傳統民謠的歷史悠久，1820年代於里斯本盛行。法朵音樂和歌手的權威Rodrigo Costa Felix表示「這種歌曲本來是關於妓女、皮條客、醉漢、竊賊」。法朵歌曲聽來滿是惆悵，歌詞訴說著認命、渴望和憂愁等情感。它最大的特色就是在每個樂句結尾以彈性速度（rubato）拉長，歌聲聽來如泣如訴，偶有人說像藍調。

如果我們把法朵和西班牙南方的傳統民謠佛朗明哥（flamenco）作對照，會發現葡萄牙人某一種有趣的面向。佛朗明哥歌曲和演奏帶有大量裝飾音，既華麗又外放。它能傳達的情緒包羅萬象，與複雜的傳統舞蹈和鮮豔服飾相輔相成。相較之下，法朵更為內向，一場深情的表演，往往令人揪心，像是偷聽到極為個人且私密的事情。歌詞的主題多半與失去、死亡或薩烏達德的情感有關。另一個常見的主題還有葡萄酒，像是由傳奇法朵歌手Amália Rodrigues所填詞的「聽著，葡萄酒先生」（Oiça lá ó Senhor Vinho），堪稱經典。

法朵歌詞向來不帶政治色彩，但新國民政體把法朵當作政治宣傳工具，如同西班牙獨裁政府利用佛朗明哥來刺激經濟。隨著舊政府倒台，法朵一度名譽掃地。根據Felix的說法，歌手Amália Rodrigues因此流亡到巴西，所幸葡萄牙的政治氛圍在她1999年去世前已截然不同，Amália逝世時全國降半旗，舉國哀悼三天，足以彰顯法朵的重要性。

Felix表示法朵和葡萄酒的關係密不可分。他說葡萄牙人的法朵之夜就是要「吃烤辣香腸、甘藍菜湯（caldo verde）搭配便宜紅酒。」里斯本多的是法朵音樂餐廳，現在成了熱門的觀光行程。在暗巷的咖啡廳，正式表演結束後的深夜，遊客偶爾還能觀賞到更特殊的「流浪法朵」（fado vadio）。

葡萄牙人骨子裡的憂鬱和渴望，與他們的認命和謙卑個性息息相關。這對葡萄酒的影響不僅僅是文化上的，葡萄牙人「遲疑」的態度彷若一種國民運動，無疑有礙葡萄牙酒在市場上的推行。

地中海或東南歐國家[8]的釀酒師向來善於推銷自己，帶有適度的自傲，就算不明說，但他們的話語中常透漏著「我的酒最好」、「我和鄰居的酒不同/我的酒更好」或是「我是創舉而且是最棒的」。四年來我們為寫書做了不少研究，從未聽過任何葡萄牙釀酒師說類似的話，但自貶的言論倒是不少。我們眼中的先鋒或創新者，都不願承認自己在歷史上的重要性，João Roseira對此表示：「我們葡萄牙人骨子裡不認為自己有那麼偉大，也沒什麼自信。」葡萄牙人性格上確實鮮見張揚自誇。

當我描述了大名莊Esporão或Aveleda的成功，卻又指出葡萄牙人不擅宣傳，這豈不是自相矛盾？然而現實當中的確存在著這種對立面：葡萄牙習於打造大企業，但擅長的是利用外界評論來做行銷，而不是行銷自我本色或葡萄牙本質。波特酒產業就是強而有力的例子。João Roseira解釋說：「我們都說波特酒是全世界最棒的酒，但自己從來不喝。等到美國觀光客來訪時，我們才會拿出特別的波特酒。」

---

[8] 不用懷疑，葡萄牙不算地中海國家。

有鑑於此，大多人仍以為葡萄牙只有波特酒、綠酒、粉紅酒的大廠牌。葡萄牙酒過份講究品牌的這種說法並非毫無根據，在過去幾百年，小蝦米要出頭天幾乎是不太可能的，其原因也已在本章說明。

肥水不落外人田

葡萄酒業不光是廠牌，家族關係也很重要。當葡萄牙一從新國家政體的束縛中解脫，我們看到的葡萄酒業早已落入少數有權有勢、互有關係的家族手中。雖然許多家族的成員是葡萄牙人，但他們的祖籍卻來自他方。

尤其是波特酒和馬德拉酒產業，向來都是由國外的家族掌控，而許多家族已經過數百年的融合。1808年，John Blandy來到馬德拉島，他是個不折不扣的英國人。七個世代後，Chris Blandy（Madeira Wine Company現任集團執行長）有雙重國籍，精通兩種語言，父母分別是葡萄牙人和英國人。Chris和其他家族成員一樣，早期都在英國受教。他一開口講英文，聽起來就和一般英國紳士沒兩樣，像Blandy家族的成員就是所謂的「英國葡萄牙人」。

斗羅區最大的地主Symington家族也有類似的故事。他們五代都在葡萄牙生活工作，最後兩代根本是土生土長的葡萄牙人。Paul Symington出生於1953年，雙親分別是英國人和英葡混血。儘管如此，他承認他是家族中首位正式申請葡萄牙國籍的人，時間點就在2018年，當時英國宣布脫歐。

酒業中其他重要的家族還包括Niepoort（祖籍是荷蘭人，但和Blandy和Symington一樣，如今已歸化），Van Zeller（Quinta do Noval的前東主），Guedes（同時擁有目前葡萄牙最大的葡萄酒集團Sogrape以及Aveleda），Ferreira/Olazabal（雖然Ferreira波特酒現在隸屬Sogrape，Dona Antónia Ferreira的兩個直系子孫還擁有斗羅區兩座重要的酒莊，Quinta do Vale Meão以及Quinta da Vallado）和Soares Franco（目前是JM Fonseca 集團企業主，旗下包含Lancers brand）。

比起家族酒莊，有些大集團和品牌企業的管理規模更加龐大，例如The Taylor Fladgate Partnership（他們擁有Taylor's和許多其他品牌），Sogevinus 和AXA Millésimes（旗下有知名的Quinta do Noval）。然而葡萄牙酒業重要的特色，仍是那些不靠外資或外來股東的家族酒廠。

大公司和酒業集團合併的優勢是效率高、品質穩，毋庸置疑地也提升葡萄牙酒的產量並帶動出口。這些酒廠的釀酒師為了量產葡萄酒，在釀造方面少有標新立異以避風險，這點不免影響了國內的葡萄酒產業，或至少讓外界對葡萄牙酒產生特定觀感。

美國葡萄酒經銷商的領頭羊兼作家Kermit Lynch在1988年出版了《葡萄酒之路的冒險：葡萄酒買家的法國之旅》（Adventures on the Wine Route：A Wine Buyer's Tour of France），內容記錄了他在1970年至1980年代間的法國旅行，他在書中抱怨愈來愈多的酒喝起來都差不多，太多科技和人為介入而缺乏工藝。當時人為干預的釀酒技術盛行，加上國際酒評的興起，使得本來是玄秘的飲品成了紙上的一堆數字，這現象並非法國獨有，而是全世界的風潮。

Lynch的宣言萌發現代自然酒運動：強調在釀造過程和葡萄種植中要減少人為干預，做出誠實、無添加的葡萄酒以彰顯葡萄品種和地方特色。這樣的觀點在20世紀末至21世紀初，受到新一代的愛酒人和釀酒師的認同。在葡萄酒產業中，自然或無添加，減少人工干預，加強環境友善耕種已然成為日漸重要且持續擴展的自然酒圈標準。而當時葡萄牙酒業還沒有意識到這些改變，仍停留在早期的生產方式。

諷刺的是，一說到工藝，葡萄牙擁有令人欣羨的釀酒原料和悠久傳統，能釀出道地的低人工干預葡萄酒，但為何當初卻沒有善加利用呢？

同園混種

至少以葡萄品種來說，「多樣化」算是葡萄牙的一大特色，當地的葡萄園仍保有許多國外罕見的原生品種，要在其他歐洲國家早已改種卡本內蘇維翁或夏多內，但這情況在葡萄牙並未真正盛行。此外，這些原生品種得以倖存還有部分原因是，葡萄牙的葡萄園地極為破碎。在斗羅、綠酒或是杜奧等地區，栽種葡萄仍是業餘或周末兼職的打工。成千上萬的獨立酒農，每人擁有的土地蕞爾彈丸，就算改種或嘗試現代化也沒有獎勵。一名農人耕種三分之一公頃（不到一半的足球場面積），採收的葡萄全送到當地的合作社，他們既沒興趣改種流行的品種，亦沒有調整葡萄藤整枝系統的必要。

2017年，葡萄牙政府發表了國家葡萄品種目錄（Catálogo Nacional de Variedades de Videira, NCVV），編列了至少230個葡萄牙原生品種，另外更多的是有待查證的葡萄品種，而這些未知品種可能存在於即將荒廢或毀棄的古園裡。然而，要查證所有葡萄品種並不容易，因為他們通常都混種在同一個葡萄園裡。在葡萄牙，同園混種是很關鍵的種植概念。這些葡萄園自古以來都是混種，有時還會混雜紅白品種，同時採收、同時發酵。同園混種在釀造波特酒的斗羅區特別重要，另外在杜奧區、阿連特茹和里斯本區也常見古老的混種園。 Richard Mayson曾寫說，只要問斗羅區任何一個小農，「你園裡種的是什麼葡萄？」他們會總聳肩回答，「我不知道（não sei）」。同園混種在外人看來或許顯得毫無章法，但其來有自。

自古以來，同園混種是為了避險。有些品種成熟穩定，有些則在混釀中賦予酒色、酒體或酸度，因此混釀早熟和晚熟的葡萄合情合理。不妨將同園混種視為天然保單，每年的狀況不同，如果某品種染病或熟度不對，另一個品種就能彌補缺憾，而不怕一整年的收成就此報廢。

不光是葡萄牙才有同園混種，奧地利維也納產區也有相同的歷史傳統，當地生產的Gemischter Satz也已被列入法定產區管制。此外，波爾多也曾是一個被視為是邊際氣候（marginal climate）而不利葡萄成熟的產區，自古以來都是混種卡本內蘇維翁（Cabernet Sauvignon）、卡本內弗朗（Cabernet Franc）、小維朵（Petit Verdot）、馬爾貝克（Malbec）和其他古老品種。

話雖如此，葡萄牙的同園混種還是複雜許多。在斗羅區，隨便一個百年葡萄園就包含40多種品種。Quinta do Crasto的Maria Teresa園就是個很好的例子，葡萄園裡有超過百年的老藤，多達50幾個品種。還有Sandra Tavares da Silva和Jorge Serôdio Borges共有的Pintas園，約88年的歷史，目前查證出40個葡萄品種。

20世紀末，葡萄牙的釀酒師和酒農對混種園的感情消退。或許是因為歷史淵源，亦或是小農們認為這種作法已過時，更別說同園混種有一定難度，某些方面來說甚至與現代釀酒師和酒農所學的背道而馳。

生產者若想在各個品種達到理想的成熟度時採集，混種園會是個夢魘。首先得分批在不同時段採收，這種作法勞民傷財，農人必須避開未成熟的葡萄，只採收成熟的，否則釀酒師就必須忍受發酵槽中的葡萄熟度不一，但現代的釀酒學校可不贊同這種作法。

古園混有紅白葡萄也是個大問題。如今鮮少有人會同時發酵紅白葡萄，按照歐盟規定，這樣的混釀只能列為低階的日常餐酒[9]，因此做了等於自毀商機。況且現在全世界都在瘋迷單一品種葡萄酒，這是在1970年代至1980年代間，由葡萄酒新世界國家像是澳洲、紐西蘭首先推廣的概念。

---

[9] 在斗羅，波特酒生產者的釀酒石槽中會出現極少量的白葡萄（佔5~10%），但從未公開。

在酒莊*Quinta da Gricha*的人工腳踩葡萄

如今量產酒大多會標示葡萄品種。消費者前往超市或連鎖零售商買酒，會尋找自己喜歡的品種，看這是夏多內、卡本內還是梅洛，而不見得會在乎酒的釀造者或產區。

這股在瓶身標示品種的風潮對葡萄牙打擊頗大。葡萄牙傳統風格一向是混釀，因此除了在小眾市場和熟客之間，幾乎很難推廣。而葡萄牙最有前瞻性的阿連特茹產區，也開始釀造單一品種。希哈（syrah）變成葡萄牙種植數量前十名的葡萄品種，大多在阿連特茹裝瓶，酒標上印有顯眼的品種名。

就連斗羅河谷也開始放棄同園混種的想法。João Nicolau de Almeida和José António Rosa在1970年代末做的一項研究中，推薦了五個優秀的斗羅區葡萄品種。他們的研究成果對1980年代的新種計劃影響至深。國產杜麗佳（Touriga Nacional）變成新寵兒，它的名字開始標示在新出的單一品種葡萄酒，從簡樸的合作社到Quinta do Noval都開始釀造單一品種國產杜麗佳。

時代更迭，現在對古園混種有興趣的人反而日漸增加，他們認為混釀的葡萄酒具有複雜度和難以形容的真誠感。在斗羅區釀酒的Luis Seabra認為葡萄園愈古老，品種愈不重要。同為釀酒師的Rita Marques則進行了一項試驗，她比較同位在上斗羅河區（Douro Superior）的混種園和單一園的葡萄所釀的酒，發現同園混釀的更為均衡。

Seabra承認照顧古園和同園混種耗費心力，特別是在修剪和採收之際，但仍是值得保留的傳統。現在新葡萄園採用混種的比例雖少，但並非都沒有，同園混種仍有其賣點，我們甚至可以說它很「時髦」。

天生有腳踩葡萄

在葡萄牙，若說葡萄園的特色是同園混種，那麼在酒窖裡的就是用腳踩葡萄的傳統，古時候，所有酒都是這樣釀的，如今全世界早已改用機械式的壓榨機或去梗機。

踩葡萄最重要的就是石槽（lagar），那是一種四方型或長方形的淺缸，建材可能是花崗石或任何現成的石頭。現代石槽一般是水泥或不銹鋼製。石槽大小沒有一定，最大的可以容納到20幾個成人，參與者會肩並肩排成一列，規律地前後走動。

腳踩葡萄的傳統之所以還沒消失，主要與波特酒產業有關，不過這也間接反映出，新國家政體下的現代化有多遲緩。如先前所提，斗羅河谷到了1980年代前都還沒接通水電，這也是機械工具不發達的原因之一。

以一瓶波特酒而言，人工踩皮的成本頗高，因為得動用大批人馬連夜不停地踩，直至葡萄汁開始發酵。1990年代，以Symington為首，數家公司已經研發出機械化石槽，但仍有許多釀酒師偏好用腳持續輕柔踩的萃取方式。

除了釀波特酒，還有一種小石槽能用來釀造日常餐酒，只消兩個人踩踏一至兩個小時便能完成。和波特酒相比，餐酒不需萃取太多葡萄皮的顏色和單寧，緩慢發酵或許更好。Luis Seabra表示自己也沒機器設備，因此他的紅酒都是用腳踩出來的。

隨著同園混種的概念東山再起，葡萄牙的精緻酒莊也開始復興石槽和人工踩皮。如果你認為這只是一種行銷花招，不妨親自體驗一下。踩葡萄過程極為單調乏味又費力，但絕對能釀出精彩可期、優雅脫俗的葡萄酒。此外，這種體驗能重建人與葡萄酒的原始關係。試想一大群人整晚踩著葡萄，從專注集中的截步開始，慢慢變成喧鬧狂放的自由步伐，伴著現場演奏歡快暢飲，酒莊瀰漫著濃烈的熱鬧氛圍。

換個角度來看，無論是在花崗岩槽中人工踩皮，或持續使用曾祖父留下來的混種園似乎都稍嫌落後。20世紀期間，葡萄牙日漸現代化，許多從事酒業的葡萄牙人，對於這種仍普遍存在的老派作風，偶爾還是會感到羞愧。難道現在不正該往前進，接納更現代、更衛生、更科學的方式嗎？

但這些老石槽和混種園的留存，正是葡萄牙的特別之處，只是葡萄牙人很久後才有體悟。波特酒和斗羅河葡萄酒協會（Port and Douro Wines Institute, IVDP）的技術主任Bento Amaral表示：「葡萄牙人太過謙卑，一開始我們想要跟隨其他人的做法，釀出更國際化的酒。」但他也看到過去十年間的改變。「人們開始發掘葡萄牙了。我們稍微放心了點，對自己的釀酒更有信心了。」

最早意識到葡萄牙優勢的人，就是2013年在Simplesmente Vinho聚集的16位釀酒師們，他們的背景多元，來自國內四面八方，有些來自小酒莊，有些則是像Anselmo Mendes的知名大酒廠。他們的共同目標就是要釀出道地的葡萄牙酒，如實反映各方風土、葡萄品種和生產傳統。

João Roseira引用Filipa Pato（她的故事會在第四章說明）說的話，她的酒「沒化妝」，此話簡潔概述了Kermit Lynch在旅遊中尋尋覓覓的東西，這也是當時葡萄牙酒所缺乏的：一種指甲縫夾帶泥土，腳踩葡萄才能釀出的酒魂，傳達葡萄牙的獨特與多元。

Simplesmente Vinho的參與者在歡笑中度過一整個周末。走出展場透氣，斗羅河就在眼前流過，蓋亞新城和波特酒酒窖（port lodge）在對岸站立。對於喜愛象徵主義畫風的愛好者，這幅景象堪稱完美：葡萄牙酒廠的宏偉殿堂矗立在河岸的一側，而邊緣又不起眼的小型酒展就在對側。

葡萄酒業將掀起一場革命，以對抗大企業之姿展開一個全新世界。

SANDEMAN
PORTO CRUZ

第 二 章

花崗岩之鄉

Granito

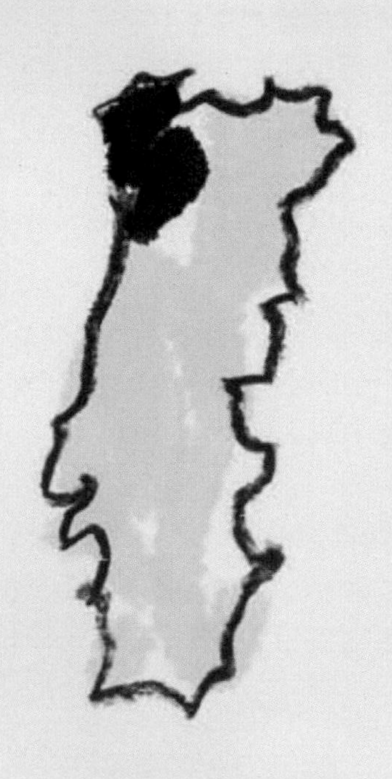

在一部超八毫米底片拍攝的影片中，粗顆粒的畫面呈現出米尼奧河谷（Minho valley）鄉村生活的吉光片羽。朋友、家人、孩子們上教堂、到園遊會歡慶、照料農地，男人趕著一雙牛犁田，尾隨的女人拿著耙子鬆土。

影片中無論是在教堂外，玉米田邊、雄偉的花崗岩房屋四周，隨處都能看到葡萄藤。整枝過的葡萄藤身長超過兩公尺，高掛在棚架。一到採收期，人們得登梯摘採葡萄，放入巨大的籃子後，再小心翼翼遞給下方的人。一籃子滿滿的葡萄，兩到三個人才舉得起來，再往頭上一頂，朝向停在一側的拖車走去。籃子外印著白色的字C Paço。

在一座全靠人力的酒窖中，一名男子搖搖晃晃地站在一片木板上，用著貌似巨大三叉鋤的工具，專注地將在石槽裡的葡萄往下壓。接著他兒子也興致沖沖地加入行列。壓碎的葡萄果肉會丟進矗立在另一側巨大的垂直式柵欄壓榨機（basket press）中，其鑄鐵和木造的外觀頗有蒸氣龐克風格。接著酒農用力推動壓榨機的長橫桿，對果渣加壓，釋出汁液。

畫面一轉，八歲的Vasco Croft扛著稻草包，堅定專注地闊步穿越原野。自17世紀，他的家族就擁有Quinta Casal do Paço 酒莊與葡萄園，在里斯本土生土長的Vasco是這裡的常客。

要不是影片裡孩子的服裝和小小的一台破舊拖拉機洩了密，人們還以為這是100年前的光景，完全看不出是在1970年代所拍攝。儘管時間荏苒，米尼奧地區的生活如舊，仍以農耕為主，樸實度日。Vasco形容那段時期（或許帶著舊日情懷）如中古世紀般美麗。他解釋說：「人們雖沒錢，但順天而行。村民各個自給自足，養牛取乳，牛糞作堆肥，養豬取肉。他們一年殺一頭豬，豬肉就拿來當豆子和蔬菜的調味。」

那種彷如中古世紀的生活依舊存在，家家有田可耕，有葡萄園要顧、有家畜得養。米尼奧偏鄉處，偶爾還是能看見屋子的上層住人，底下飼養家畜，牠們排放的熱能很寶貴，不但有經濟效益，還能讓人住得舒適點。只是近來，家庭的電視螢幕和網路路由器也增加了些熱能。

循環式農場（closed-loop farm），或說是自給自足的模式，建構了現代哲學生物動力法（biodynamic）的核心。面對逐漸貧瘠的土壤，1920年代魯道夫．史坦勒（Rudolf Steiner）的農法嫣然誕生。或許對於米尼奧區的一般村民來說，生物動力法中較為神秘學哲理的部分過於艱澀難懂，但那個扛著稻草包的八歲男孩，後來藉此農法找回與先祖土地的聯繫。

綠酒的故鄉

米尼奧河谷就是為世人所知的綠酒產區（Vinho Verde）。不知道的酒客，還以為這地名指的是微甜的微氣泡酒，但其實它是形容濕潤蒼綠的地景。綠酒區的葡萄園面積高達16,000公頃[10]，並居全葡萄牙年降雨量之冠（年平均有1,500公厘的降水量，可比英國的威爾斯），可謂是地如其名。

米尼奧河谷（綠酒區）北接西班牙最北端的自治區加利西亞（Galicia），邊境幾乎與大西洋呈現垂直。從綠酒區的鄉村一路向南，就會抵達波爾圖的城市邊陲。綠酒區多的不只是葡萄藤，還有豐富的岩石地，無論是房子、釀酒石槽、階梯、門柱等，幾乎什麼都是用當地的花崗岩所造。

1908年，綠酒區成為葡萄牙最早的法定產區之一，也是全國面積最大。綠酒粉可能很難相信，該地一開始大多釀的是紅酒，但口感又薄又酸、又澀又刺。作家兼波特酒酒商Delaforce Sons & Co的家族成員John Delaforce曾寫道，在17世紀初，葡萄牙最早出口到英國的葡萄酒就是來自綠酒區，與當

---

[10] 根據2020年綠酒區葡萄栽培委員會（Comissão de Viticultura da Região dos Vinhos Verdes, CVRVV）的數據。

時的法國酒相比自然是相形見絀，也難怪英國人為了另尋更醇厚的酒，而一路找到斗羅河谷。

綠酒區涼爽的氣候，高酸性的花崗石土壤，典型的葡萄品種等綜合因素，使得當地生產的酒偏輕盈、低酒精度。無論是紅的維豪（Vinhão）還是白的羅雷羅（Loureiro）品種，熟透了大概也只能釀出10%至11%的酒精度[11]。而當地釀造年輕又帶微氣泡綠酒的傳統，源自於他們提早裝瓶或趁鮮飲用的習慣，因此酒中還留有發酵時的天然氣泡。

1939年，Aveleda開創了新穎的大眾市場典範。他們的品牌Casal Garcia簡直是神來一筆。Aveleda生產無年份且低價的Casal Garcia，風格仿造傳統綠酒，在裝瓶前會打入氣體（和汽水做法如出一轍），並摻糖來平衡綠酒本身的高酸度。Casal Garcia在葡萄牙一瓶賣不到3歐元，海外銷售訂價也相對低廉。

Aveleda歷經五代的家族傳承經營，1870年剛創立時僅有九桶葡萄酒的產量。如今，他們年平均生產1,500萬瓶的Casal Garcia，無疑是綠酒區生產量之冠。從Aveleda的例子來看，倒可發現綠酒區在葡萄種植發展方面一個有趣的現象。儘管Quinta da Aveleda本身坐擁面積200公頃的葡萄園，但還是會收購當地2,000名酒農的葡萄，儼然成為綠酒區強大的經濟後盾，其程度更勝最大型的釀酒合作社。

Aveleda第五代經營者之一Martim Guedes表示，公司主要碰到的問題是生產率。大部分農民照料的葡萄園較老，種植密度太低，不符現代葡萄栽培專家的建議[12]。一般來說，葡萄要受點環境競爭才會長得好，低密度會導致產量過小。但畢竟大部分的農民不是這方面的專家，他們把種葡萄當作週末消遣，在收成時能賺點外快。有些人甚至選擇換酒不換錢。

---

11 補糖是很常見的做法，譬如添加精餾濃縮的葡萄汁來增加酒精度。

12 在較為古老的葡萄園中，平均每公頃會有1,500株葡萄藤，而現代栽種系統的葡萄園每公頃至少會有4,000株。

Quinta da Covela

有很多葡萄園的狀況固然不盡理想，但也有顯著改善的地方。幾十年前，一般農民要種出符合最低標準熟度的葡萄都很難，釀出來的的酒精度只有7%。Guedes表示現在普遍都能到10%了，這不外乎是因為農民知識水準提高，種植技法的改善、全球暖化等因素。

儘管Casal Garcia的生產量驚人（更不用說Aveleda旗下還有許多品牌），但低價綠酒的市場競爭激烈。英國的葡萄酒作家暨葡萄牙酒專家的Sarah Ahmed戲稱這些酒是「游泳池畔的酒」，因為那裡往往是人們暢飲綠酒的場所。

就算是綠酒區享負盛名的副產區也不免打價格戰。緊鄰西班牙的法定產區蒙桑（Monção）和梅爾加蘇（Melgaço）專釀芬芳且帶有迷人葡萄柚和桃子香氣的白酒品種奧伐利諾（Alvarinho），在西班牙則稱為阿爾巴利諾（Albariño），在加里西亞也相當受歡迎。

當你來到蒙桑主要幹道的丁字路口上，會看見一個不起眼的入口和停車場。後邊是一座黃褐色建築物，不禁令人聯想是殯儀館。室內有一個小小的接待區，牆上貼著電腦打印的價格表。這裡就是綠酒區最大、最重要的蒙桑酒廠（Adega de Monção）。只要三歐元和一點零頭，就能買到一瓶他們的Muralhas de Monção。酒標的設計彷彿從龐巴爾侯爵時代就沒改過，但瓶子內的酒絕不會讓你失望。這就是標準的綠酒風格：新鮮解渴、帶一點氣泡和鮮活果味，低酒精濃度也適合在午餐享用。

這裡的酒不但美味、產地經典，價格更是實惠，簡直就是葡萄酒天堂。但天堂並不完美。儘管這些酒貨真價實，也絕非劣質品，但綠酒在葡萄牙的超市常以低於兩歐元販售，沒標產區的話，價格更掉到一歐以下。到了這價位帶，你喝到的是近乎無味、缺乏個性、色澤淺淡的液體，只留下人工添加的二氧化碳和尾韻的一絲甜味。

由於超級便宜的綠酒制霸市場，因此在葡萄牙餐廳發展出兩階層制度（two-tier system）。服務生會問你：「請問要喝葡萄酒還是綠酒呢？」彷彿是在問你選擇特級園香檳，還是便宜的普羅賽克氣泡（prosecco）。

量產便宜綠酒成了米尼奧河谷的致命傷，不但對想提升產區品質的釀酒師來說是一大考驗，也連帶拉低了採收的葡萄價格，根據Aveleda，一公斤的葡萄只能換得0.45歐元，而且這還是平均價格，可不是最低價格。微薄的收入加速大量人口外移。薩拉查時期後出生的年輕人，平均教育程度和移動性較高，在缺乏實質的激勵之下，他們也沒理由繼續待在落後的米尼奧鄉村。

回到1940年，當Casal Garcia帶起游泳池畔的飲酒文化，綠酒區有超過116,000位酒農。甚至在1981年也還有約莫70,000位農民專心照料葡萄藤，採收後送到釀酒合作社或是Aveleda。但在過去幾十年間人數大幅驟減，現在大約落在16,000人左右，這倒也不令人意外，畢竟一整年的辛勞換得的報酬是如此微薄。

綠酒區彷彿一腳還滯留在過去的封建佃農制度。相較於大量的農民，綠酒區只有600個釀酒裝瓶的酒莊。許多生產者/裝瓶者並不會銷售給一般民眾，而是賣給大酒廠，後者賺取的利潤自然更豐厚。

自從1908年劃定產區開始，綠酒區已經有諸多改變。如今高棚架（葡文稱為vinha de enforcado）已不常見。過去架棚是為了在底下種植一排排的豆子和番茄，但高品質的葡萄付之闕如。此外，紅白酒的產量比例也反了過來，現在紅酒只占20%，紅葡萄大多做成更新潮的粉紅綠酒（rosé Vinho Verde）。但不變的是原料和葡萄酒的價格。兩歐元的綠酒仍是王道，產區受損的名聲仍待修補。

優質葡萄酒

在綠酒區，有一小批目光遠大、敢為人先的釀酒師，他們生產的不是海邊或游泳池畔飲用的便宜綠酒，而是不加人工二氧化碳的干型酒，具有天然氣候孕育出果香純粹、酸度明亮的特色。位於蒙桑和梅爾加蘇區的Quinta de Soalheiro可謂是這類菁英酒莊的先鋒，1980年代Cerdeira家族在綠酒區種下第一株奧伐利諾，致力生產高級綠酒。

1994年，兄妹檔Luís和Maria Cerdeira從父親手中接下Soalheiro後，酒莊日日蒸上。Luís強調綠酒的陳年潛力不容小覷。我們在2016年參訪酒莊時，他很自豪地開了一瓶1996年的Soalheiro，那是酒窖中最老的年份之一。一開瓶，他聞一聞後竟惆悵地說：「不好意思，這已經不能喝了。」然後就在絕佳的時機點，他的神情一轉，對我們的反應甚是滿意，我們則被唬得一愣一愣的。那酒還很健康，仍然是新鮮有活力，而且更多了一層深度和成熟的韻味。

2004年，Maria開始把酒莊面積10公頃的葡萄園改成有機種植。這的確是一項壯舉，因為所有經驗老道的酒農和釀酒師都堅信，在潮濕無比的綠酒區不用農藥根本是自殺。他們用有機葡萄來釀造高級特釀Primeiras Vinhas。Maria在鄰近的土地也一手打造了Quinta da Folga農莊，飼養罕見的比薩羅豬（Bísaro pigs）來製作各種醃肉。花草茶（infusões）也是從自家的有機農園採摘的。他們只是恢復了米尼奧過去常見的農家傳統，讓土地發揮各種用途，不限於種植葡萄。

雖然Luís老愛嘲笑自然酒圈的怪象，嘲笑有怪味的瑕疵酒，但他的釀酒方式也頗放任。他認為返璞歸真能釀出精彩無比的綠酒。他的兩個酒款：Terramatter（野生酵母發酵的奧伐利諾，並在橡木桶培養一段時間），以及Nature（不澄清過濾，無添加二氧化硫的版本）是酒莊比較實驗性質的例子，體現出只要葡萄品質好，無需太多釀造技法，即能創造出有美妙個性的綠酒。

另一個不得不提的釀酒師就是Anselmo Mendes，他發跡的時間雖比Cerdeira家族晚，但迅速在綠酒區外獲得讚賞。Mendes是土生土長的蒙桑人，他對奧伐利諾情有獨鍾，因而鑽研這個葡萄品種的各種發酵方式和陳年技巧。自1987年，Mendes花了十年潛心研究，在1997年租了葡萄園，隔年釋出他第一個年份的Muros de Melgaço（100%奧伐利諾白酒）。

Mendes現代又精準的釀造風格受到廣大迴響。他的酒帶有主流的吸引力，擄獲不少愛好者。Mendes對奧伐利諾的執著長年不變，因而被暱稱為「奧伐利諾先生」。很快地，他的產量大幅提升，同時拓展了釀酒顧問經營版圖。Mendes的年產量逼近100萬瓶，遠遠超過Soalheiro或是其他綠酒區的菁英酒莊。

Mendes的其中一個徒弟Márcio Lopes也闖出一片天。Lopes不但留有整個米尼奧河谷最壯觀的鬍子，釀出的綠酒也是精彩絕倫。他跟隨Mendes在蒙桑學習，爾後到澳洲的拉瑟格倫（Rutherglen）與塔斯馬尼亞州（Tasmania）累積釀酒經驗。Lopes承租了一些葡萄園（其中種有極老的葡萄藤），以最少干預的方式釀造，於2020年自創品牌Pequentos Rebentos（意指「嫩芽」）。他的酒款包羅萬象，有不少稀奇古怪的作品，但產量皆不多。

Lopes採用浸皮的方式，釀出一款名為À Moda Antiga的出眾奧伐利諾橘酒（orange wine）。他的葡萄園沿用綠酒區傳統的棚架式整枝（pergola-trained），囊括罕見的品種卡伊諾（Cainho）、奧伐雷羅（Alvarelhão）和沛德羅（Pedral）。同園混釀的成品就是Atlântico，這是一款酒體輕巧、風格特殊的普飲酒（Vin de soif）。除了綠酒區，Lopes在斗羅區和加利西亞的里貝拉薩克拉區（Ribeira Sacra）也有釀酒計畫，是個不折不扣的大忙人。

Soalheiro和Mendes無疑是蒙桑和梅爾加蘇區的旗手，在利馬河谷（Lima Valley）能夠旗鼓相當的酒莊就是Quinta do Ameal，他們在1990年代開始生產高品質酒，釀的不是奧伐利諾，而是專注於青檬、花香系的羅雷羅。

Ameal的莊主Pedro Araújo是波特酒酒商家族Ramos Pinto的親戚，1998年接手父親的酒莊事業，Ameal在他的經營下，成為綠酒區最負盛名的酒莊之一。Pedro Araújo雖不是唯一抨擊綠酒品牌問題的人，但絕對是最強烈的發聲者之一，他指出綠酒這個名稱，會讓人聯想到廉價酒，在市場上幾乎沒有標示的價值。為了證明他的論點，Araújo常把自己的產品列為更低階的米尼奧地區餐酒（Vinho Regional Minho）。其他優質的生產者，譬如Soalheiro也只會標示次產區，前標幾乎不會有綠酒區的字樣。2019年，Pedro Araújo在退休前把酒莊出售給Esporão。

利馬河谷往東，一向作為優質酒的指標酒莊Quinta de Covela，幾乎就坐落在綠酒區和斗羅河谷分界線。（前莊主Nuno Araújo在1990年至2000年代間主要釀的是卡本內蘇維翁或梅洛等國際品種。）酒莊一度遭到棄置，直到2011年被Lima Smith Associates[13]收購，這間公司是由巴西企業家Marcelo Lima和英國記者Tony Smith（先前在出版集團Condé Nast International工作，如今住在酒莊）共同創立。Smith的都市經驗豐富，年輕時住過奧地利並愛上葡萄酒，之後成為派駐巴西的記者。

兩人為酒莊注入一股新氣象，並把焦點放在更具本土性的白葡萄品種：艾維蘇（Avesso）和愛玲朵（Arinto）。在Covela酒莊工作多年的釀酒師Rui Cunha，同時在斗羅河谷也有Lacrau的釀酒計畫。與Lima & Smith合作之下，Rui生產的葡萄酒保有綠酒區典型的純淨清新，但在葡萄品種和風格上又別出心裁。相較於前莊主對國際品種的追求，Rui更慶幸自己能釀造足以代表當地的酒。

從史坦勒、佛教到葡萄酒

Vasco Croft的童年假期常在Quinta Casal do Paço度過，也數次參與採收，但他從未想過自己有一天會開始釀酒。

年輕時的Vasco也曾思索過人生的存在意義，18歲時接觸到魯道夫·史坦勒的作品。史坦勒是奧地利的哲學家和秘契主義者（esotericist），他創立華德福教育機構（Walforf school，或稱史坦勒教育系統），並在20世紀初建構生物動力農法。史坦勒以一套他稱之為人智學（anthroposophy）的哲學為基礎，來連結人類經驗與精神世界。Vasco後來在學校主修哲學，對史坦勒的想法有了更深刻的理解。22歲時，他結了婚，當了爸爸，發現在里斯本有一所史坦勒幼稚園，或多或少成為他人生的轉折點。

Vasco說：「那些老師們真的很棒！看到孩子們嬉戲，樂在其中，我自己也很開心。」他第一次帶兒子上其他幼稚園時有過不堪的經驗，但一進到史坦勒學校，他的孩子感到自在並受到接納。兩年後，也就是1987年，Vasco與

---

13 2013年，Lima&Smith也收購了斗羅河谷的兩個酒莊，目前他們持續經營Quinta das Tecedeiras，但已將更知名的Quinta da Boavista 賣給 Sogevinus。

前妻Paola決定移居英國，並申請史坦勒師資培訓機構就讀，以便深入人智學的社群環境。

兩夫妻在東埃塞克斯（East Sussex）的艾士頓森林（Ashdown Forest）租了間鄉村小屋，就讀愛默生學院（Emerson College），同時在史坦勒的師資訓練機構麥克爾．霍爾學校（Michael Hall）研修。兩所學校的地點都在迷人的小村莊佛瑞斯特羅（Forest Row）。就在此地，Vasco第一次直接接觸到生物動力農法。艾默生學院的校地就有一塊以生物動力法耕種的農場，提供學生作為伙食來源。

Vasco猶記從附近的另一個生物動力農場買到美味的蔬果、肉品和優格，農屋外頭還擺著誠實錢箱。恬靜的鄉村生活彷如仙境，似乎一點都不受外界影響，即便是1980年代柴契爾卸任前英國的困苦和絕望在這裡也絲毫感受不到。

這個時期的Vasco滴酒不沾，他認同史坦勒的疑慮，怕酒精會干擾清靜的生活。儘管如此，Vasco注意到同學當中最有創意、感染力的人往往都愛喝酒。他們會去彼此家中串門子，活像是一群時尚藝術家的聚會，而酒自然是不可或缺。

1989年，Vasco的岳父生病，全家必須返回葡萄牙。他們搬到靠近里斯本的沿海地區並曾以葡萄酒聞名的卡卡維洛斯（Carcavelos）。返國後，Vasco對史坦勒教育的熱情未減，但他若想在里斯本創立華德福學校的話，就必須先規劃師資培訓，因此他更進一步成為葡萄牙華德福學校協會會長（Associação Portuguesa de Escolas com Pedagogia Waldorf），並著手創業做家具設計。

然而人生無常，世事難料，故事就發生在1995年。在那前幾年，Vasco認識了一名來自巴西，信奉日本佛教的僧侶Dr. Gustavo Pinto。Pinto在1990年代是西方世界數一數二的易經專家，所謂易經就是「變易之書」，源自古老的中國，佛學和許多其他信仰都會從中找尋方向並汲取靈感。

Pinto不常拜訪葡萄牙，因此當他與Vasco午間約在卡卡維洛斯的普瑞瑪飯店（Hotel Praia Mar）用餐，這天就注定是個好日子。兩人坐在豪華餐廳裡，眺望窗外壯觀大西洋的海景，Pinto接著透露了他選擇來此地的原因。

這位光頭僧侶笑著說：「跟你約在這裡碰面，我很開心，很驚喜！難得我們有機會見面，我想分享一個徹底改變我人生的發現。」

他問道：「我們是哪一年認識的？」Vasco回：「1985年。」接著，Pinto把服務生喚來並說：「麻煩幫我們上一瓶1985年的Buçaco。」若你有在關注葡萄牙的稀世珍釀，就會知道Buçaco簡直是夢幻逸品。就算是對沒在練冥想的人，這瓶酒也很有可能帶給他們超然物外的體驗。

那天，Pinto和Vasco兩人一起分享了Buçaco紅酒[14]，它來自孔布拉市（Coimbra）附近的知名酒店布薩科皇宮（Buçaco Palace Hotel）。Buçaco的紅白酒皆是經得起數十年，且愈陳愈香的葡萄酒。在1990年代，除非親身去一趟酒店，否則幾乎不可能在其他地方嚐到。普瑞瑪飯店不是Pinto隨便挑的會面地點，它和布薩科皇宮同屬一家集團，才會存放他們的酒。Pinto和Vasco即將有口福了。

酒上了桌，Pinto繼續娓娓道來：「還記得當年我們是怎麼認識的嗎？過什麼樣的日子？遭遇了哪些事？人生又有什麼目標、期望，令人煩惱或喜悅的事？那些經歷獨一無二，不可能重來。而這瓶酒就如同那些過往，它孕育自當年的環境條件，栽種者的作為和落雨的情況，缺一不可。風雨變幻無常，葡萄酒亦如是。」

Pinto的語氣緩而低沉，近乎冥想，他繼續談著葡萄酒經：「瓶中的酒已被瓶塞封存。現在我要開瓶了，當年我們嗅聞的空氣，即將從這瓶中裡釋放。這瓶酒也會被釋放，它會經歷蛻變。接觸到氧氣後醒來、慢慢成長再呈現出它該有的面貌。它先是往上攀爬，一段時間後逐步趨緩，直至衰敗，猶如人生。」

最後，他開釋了關於品味美酒的核心旨趣：「酒酣之際，言之不盡。愛酒的人只有為了和朋友或戀人分享，才會把自己最好的酒打開。酒不單只是用來品嚐，而是透過分享，體現人性的美好。」

---

[14] Buçaco常見的英式拼法為Bussaco。

Vasco Croft

從*Quinta Casal do Paço*望去的景觀

飯桌上談論了不少佛法，而酒比預期的更美妙。那次的經驗對Vasco彷如醍醐灌頂，他形容是他與酒神的相遇。聽了Pinto動人的介紹，他體會到葡萄酒不可抗拒的魅力。自此之後，他和僧侶碰面時就會共享一瓶特別的酒，漸漸地也喝遍諸多葡萄牙最優秀的產區。

儘管Vasco仍繼續著他的家具生意，為華德福社群服務，但葡萄酒已悄然在他的心底紮根。

Vasco的家族沒有人住在綠酒區，他們長久以來雇用一名農人António先生來打理Quinta Casal do Paço（Vasco喜歡用老農（peasant）*來稱呼他，但不帶貶抑）。到了2002年，António先生適逢80幾歲高齡，早就過了退休年紀。莊園日漸殘破，改變刻不容緩。

Quinta Casal do Paço讓Vasco回憶起童年的景象和過往綠酒區的簡樸生活，他夢想能透過酒莊重現兒時美好，因此他開始常回到莊園，並試圖重振酒窖。

不令人意外地，Vasco經人推薦，找上了最好的釀酒顧問Anselmo Mendes。Anselmo在2002年到酒莊勘查，經由他的確認，Vasco的葡萄園地點絕佳，也很幸運擁有大量的羅雷羅，Anselmo相當看好該品種的潛力。至於園裡的紅葡萄品種維豪呢？Anselmo的建議是：「拔掉吧！它太粗獷了，除了這個產區的人，沒有其他人喝得懂。」[15]

當時的Vasco對釀酒一竅不通，於是Anselmo為他列了一張基礎設備的購買清單：「你需要這個和那個機器、不鏽鋼桶、幫浦，先從這些開始吧。」António先生聽到Vasco這麼一轉述都傻了，他表示：「所有設備從那扇門進來，我就會從另外一扇門跑掉。」

---

* 譯註：peasant通常指的是社經地位低的窮困農民，或是引申為「土包子、老粗」之意。

15 雖然Anselmo Mendes那麼建議，但自己仍有釀造一款單一品種的維豪。

儘管如此，Vasco在Anselmo的助理協助之下進展神速，並為品牌和酒標取名為Aphros wines[16]。一開始，他把釀酒當嗜好，心想可以賣給當地餐廳，只要回收成本來維持酒莊的運作就好。但賣酒並沒有他想像中那麼容易。

Vasco的第一個年份在2004年釋出，當時他手抱著一箱箱的酒挨家挨戶拜訪，但困難立即迎面而來。對一個既沒沒無聞，來歷不明的人來說，想要在一個飽和的市場中賣酒簡直難如登天。再者，當地沒有人願意花超過2歐元去買一瓶酒。如今我們很難想像Vasco家家戶戶兜售的情景。他那恬靜、悠然的氣質，更像是藝術學校的教授，哪像個舌粲蓮花的業務。

此外，Vasco後來才明白綠酒一直被視為B級品，他笑說：「如果綠酒是B級，那麼綠酒產區的紅酒就是D級了！」Anselmo這點倒是沒說錯，只是Vasco沒有按照他的建議把維豪拔除。顯然，他的釀酒事業是一場長期抗戰。

生物動力農法

自2005年起，Vasco致力於將葡萄園改以生物動力法耕種，並整修有五百多年歷史的房子和小教堂。他鑽研史坦勒的哲學許久，走上生物動力法也是理所當然。他認為生物動力是一套很複雜、注重整體性的農法，需要深入的理解、透徹的執行，但令人感嘆的是，現在許多號稱實施生物動力法的酒莊對此農法僅是一知半解。

生物動力法反對在農田或葡萄園施加合成肥料，而是用天然推肥、二氧化矽和石英砂岩（quartz-based）等來促進葡萄生長，但在綠酒區這種潮濕的地域執行起來頗有難度，因為歐洲的栽種品種（European vine cultivars）[17]容易遭受黴菌侵襲。傳統的葡萄栽種者堅信，少了殺真菌劑，就得做好心理準備放棄大部分的收成。

---

[16] 起初品牌名是Afros，但為了避免在美國市場中造成困惑，有人建議Vasco改名。

* 譯註：afro在美國指黑人的自然髮型。

[17] 釀酒葡萄（Vitis vinifera）的亞屬。

然而，那些像Vasco願意投入時間，對這套哲學深信不疑的人，往往都能排除萬難。從許多方面來說，生物動力法的意義在於讓農人和土地作物之間建立更深刻的連結，農人待在葡萄園的時間更長，隨時觀察葡萄藤的狀況，予之所需。

如今Quinta Casal do Paço的靜謐之美，參訪的人無不為之陶醉。酒莊建築前是如巴洛克式般宏偉的花崗石階引領人通往大門。陽台上，Vasco保留了一些舊式棚架的葡萄藤，看起來就像是1970年代的那段影片。建築四周的葡萄園生氣勃勃。在某些時節，可能還會看到羊群跑到一排排的葡萄樹間吃草。據Vasco所說，羊群會留下寶貴的天然肥料，所以對葡萄園也是不可或缺的一環。

房子後面的斜坡建有一組石造的動力水盆。水從上頭流瀉而下形成清澈優美的大水滴。工具屋裡有各種生物動力法的配方，包括用來肥沃土地和鞏固植物生長的草本茶。許多生物動力法的農人不見得會製作配方[18]，反觀這裡，所有東西都是Vasco親手調配。然而，他承認要在當地收集牛糞並不容易，必須得開上長途車才能取得，這也反映了當地人大多放棄了農耕。

認可與讚賞

雖然一開始Vasco的酒在本地或國內銷售欠佳，但後來逐漸受到有國外酒評和進口商的注意。風水輪流轉，原本不被看好的維豪紅酒，先是受到英國葡萄酒作家們的賞識。Vasco回想起英國倫敦世界葡萄酒競賽（International Wine Challenge, IWC）的創辦者Charles Metcalfe的讚美：「我沒喝過那麼好喝的維豪！」葡萄牙酒專家Richard Mayson對於Vasco 2005年份的酒也表示激賞。

18　在生物動力法認證機構德米特（Demeter）的建議之下，技術或經驗不足的認證農人或釀酒師若無法自行製作配方，通常會需要購買500和501配方。

＊譯註：標號500和501分別為牛糞牛角配方和矽水晶牛角配方。

不久，英國、德國、日本的進口商紛紛與他簽約，其中日本是全球最大且最重要的自然酒市場。機運巧合下，他因認識電影導演Jonathan Nossiter而簽下美國進口商。Nossiter 最為人津津樂道的影片就是1994年的《葡萄酒世界》（Mondovino），片中針對Kermit Lynch曾提出的批判，探討葡萄酒的同質性的問題。Vasco認為這部片改寫了葡萄酒圈的風潮。

Vasco的故事很能代表許多21世紀初至中期葡萄牙新興工藝釀酒師的歷程。Aphros開始出口銷售後，葡萄酒展的邀約接踵而來。他表示：「多虧了Vinho ao Vivo和Simplesmente Vinho，我們酒莊之間終於有了互動。」但要到2012年Vasco參與倫敦Real Wine Fair[19]，他才見識到「各國的怪胎」。

最令Vasco印象深刻的是喬治亞葡萄酒，他們以傳統陶罐（qvevri，一種埋在土中、底部呈尖頭的大型陶罐）釀造培養，這讓Aphros有了新方向。由於Quinta Casal do Paço的小酒窖已不敷使用，Vasco在酒莊的幾公里外建造了更大規模、更現代化的設施[20]，讓原本的小酒窖騰出空間來進行更具實驗性質的創作。Vasco決定恢復小酒窖的原貌，回到不用電的時代。唯一不同的是，他設置了六個葡萄牙古陶甕（talhas），以向喬治亞大陶罐致敬。

新系列的酒款就在沒電的酒窖中誕生。葡萄用mesa de ripar[21]手工去梗，放入古陶甕進行發酵。手工裝瓶，取名為Phaunus（法烏努斯），根據希臘神話，Phaunus是酒神（Dionysus）的信徒，也是第一個釀酒者。

Vasco的Phaunus Loureiro是Aphros中最為大膽創新的風格，他將原生品種白葡萄羅雷羅放入陶甕，浸皮數個月，釀出迷人美味的複雜度和細緻的口感。他的陶甕系列還包括維豪的混釀粉紅酒（palhete、葡萄牙傳統混釀，紅白葡萄一起發酵，成果會有點像粉紅酒，但色澤更深、口感更飽滿）以及兩款自然氣泡酒（pét-nats，瓶中一次發酵的氣泡酒。）

---

[19] 由Les Caves de Pyrène，也是他的進口商之一，所主辦的自然/匠師酒展。

[20] 如同2000年大多數的葡萄牙酒莊，部分經由歐盟資助。

[21] 一種古老的木製框架能夠卡住葡萄梗，留下葡萄串。

Vasco接受了老天的安排，現在經營了一家成功的酒莊，享譽國際。他和當地的兩位釀酒師Miguel Viseu和Tiago Sampaio[22]合作，他們也都致力於生物動力法和天然的釀酒方式。Vasco的人生在各層面都起了變化，他的第一段婚姻告終，2014年也將家具生意收了起來，那一年他搬離里斯本，成為米尼奧河谷的永久居民。

各方面來說，Vasco重現了他童年的酒莊生活。António先生的兒子Alberto Araújo，也曾是Vasco在Casal do Paço的兒時玩伴[23]，他大力協助修復葡萄園，並負責在莊園裡養蜂（這是生物動力農莊的重要一環）。Vasco就像他母親在50幾年前一樣，樂於拍攝葡萄收成的過程。風潮更迭，有趣的是，搖擺60年代並未在1970年代的葡萄牙開花結果，但在半個世紀後此地卻吹起了波西米亞風，新世紀嬉皮青年隨著鑼聲與佛經唱誦，在石槽裡踩踩著葡萄。

Vasco於2019年拍攝的影片背景，地點就在他的現代化酒廠，裡面設有閃閃發光的新石槽，不銹鋼的配備。雖然新酒廠看似與原本的酒窖截然不同，與1970年代的簡樸生活也沾不上邊，卻還是洋溢著一種祥和歡樂的氛圍。

---

[22] 關於Tiago，會在第三章完整陳述。

[23] 2018年Alberto Araújo離開酒莊，轉行經營附近的旅館。

生物動力法宗師

Vasco將其莊園改為施行生物動力法，並於2007年取得德米特認證，可以說是當地的先驅者，但他絕不是第一個這麼做的人。從Quinta Casal do Paço往南驅車一小時，在阿馬蘭蒂市鎮（Amarante）附近有另一間莊園堪稱先鋒，比Vasco更早幾年便實行生物動力法。

Quinta da Palmirinha的現任莊主是一名退休的葡萄牙歷史教授Fernando Paiva，他在2000年繼承面積3.5公頃的葡萄園時已56歲，因此他決定從教職退休全心管理莊園。而他對於酒莊該如何運作的想法，來自一堂生物動力農法的課程，當時由知名的史坦勒哲學派法國教授Pierre Masson講授。

手上拿著一袋乾燥栗子花的 *Fernando Paiva*

白髮蒼蒼的Paiva，給人一種長時間在戶外工作的乾瘦、滄桑形象，而且本人惜字如金，問到在潮濕又天候不佳的綠酒區如何實行生物動力法，他堅定地帶著微笑，只回了兩個字：「信仰。」他認為自己是不可知論者（agnostic），但對於生物動力法，他是虔誠的信徒。Paiva和Vasco在2004年見過面，但從沒直接合作過。

Quinta da Palmirinha的葡萄藤仍依照綠酒區的傳統與蔬菜並種。Paiva將史坦勒循環式農法運用極致，不但養雞來負責葡萄園的除草工作，甚至自製棕梠樹葉繩將葡萄藤固定在藤架上。首先他得用木板和兩個釘子製作一種特別裝置，方能將長葉剝絲。

Paiva希望他的釀造過程能和他種植的葡萄一樣，極簡無添加，因此從2006年開始，他嘗試不再使用二氧化硫。同時，他發現布拉干薩理工學院（Polytechnic Institute of Bragança）正試驗在生產乳酪過程中，利用粉狀的栗子花作為代替二氧化硫的抗氧化劑。Paiva心想，如果這對乳酪有用，那麼對酒應該也有相同效果[24]。自此，他和理工學院密切合作，如今他在葡萄酒裡所添加的，都是來自他農地裡種植的栗子樹所產出的天然物質。

他堅信栗子花粉是二氧化硫最佳的替代品。有鑑於有些人對二氧化硫過敏或感到輕微不適，大多自然派釀酒師會盡量減少或完全避免使用。話說回來，很有可能只要有健康的葡萄和環境衛生的酒窖，葡萄酒不一定要有添加物，因此並非所有人都視二氧化硫的替代品為必須，無論天然與否。

24　二氧化硫最重要的功用就是抗氧化。釀酒師會在釀造的各個階段中添加二氧化硫來穩定酒質。

第 三 章

釀酒石槽
Lagar

以城市來說，佩蘇達雷瓜（Peso da Régua），簡稱雷瓜市，說好聽是平凡無奇，難聽點就是醜的要命。雖說如此，但地理位置代表一切，雷瓜市是通往斗羅河谷的門戶，斗羅河少見的橋樑，在這裡就擁有三座，其中最著名的就是IP3/A24公路橋，蓋得比附近最高的大樓還高。掌管波特酒產業的行政機關正位於雷瓜市。

在卡米洛路（Rua do Camilo）路上有波特酒產業的兩大支柱：斗羅之家（Casa do Douro）以及波特和斗羅葡萄酒管理機構（the Instituto dos Vinhos do Douro e do Porto, IVDP）。居間有一家不起眼的咖啡廳，看起來和街上其他店家沒有兩樣。去的客人大多是為了補充早上的咖啡因，或是簡單吃頓午餐、喝喝啤酒充充電，店家的遮陽棚打著咖啡品牌的廣告，戶外走道上擺了幾張木桌和椅子，懷抱著希望等候客人上門。

然而，這間咖啡廳也是一些秘密交易進行的場所。在九月的某日早晨，兩名男子坐在咖啡廳後頭，喝咖啡談生意。不消幾分鐘，他們達成了協議，暗地裡傳遞了一張紙。

這筆生意談的既不是土地、葡萄，也不是酒，卻足以讓其中一人非法賺進三萬歐元。那一張紙[25]就是由IVDP每年核發的波特酒牌照（benefício），它用來規範可生產波特酒的葡萄數量。然而為什麼有人單單只買牌照，而不需要它附掛的葡萄呢？而釀製波特酒的葡萄又為何要有牌照？

歡迎各位來到斗羅河谷，這裡是久負盛名的葡萄牙酒產區。歡迎來到這全世界法規最嚴、最紊亂的葡萄酒產業。

---

25 現在比較有可能是電子版。

Caso do Douro and IVDP 位於雷瓜市的辦公室大樓

未必值回的波特酒牌照

斗羅河谷土地廣袤，雖然覆蓋的陸地面積不及鄰近的綠酒區，但斗羅區更令人感受到雄偉壯闊。河谷總長超過100公里，順著河流上游一路蜿蜒至愈漸偏僻、氣候更多元的內陸。靠近波爾圖的下科爾戈河區（Baixo Corgo），年雨量平均約為900毫米。往東則是更為炎熱、地勢更高的上科爾戈河區（Cima Corgo），河流貫穿切割兩岸壯觀的板岩、頁岩梯田，許多歷史悠久的酒莊就散佈其中。葡萄牙這一邊斗羅河谷的盡頭是平坦荒涼的上斗羅區（Douro Superior），乾燥的稀樹草原年雨量平均300毫米，土壤組成以板岩、頁岩、花崗岩為主。

現今前往斗羅區觀光的旅客可能會嫌路程過於曲折，跨河的橋樑太少，但其實這都不算什麼。早年在此處往返是險峻又賣命的任務。斗羅河急速流經過兩岸險峻陡峭的梯田後形成湍流水勢。1979年水壩竣工之前，河水行至下游的波爾圖都有可能釀成重大災情，1909年的水患便摧毀了蓋亞新城的幾座酒窖，因此蓋亞新城裡古老的酒窖門口大多都設有大型鐵格柵，以避免酒桶滾太遠，在洪水中沖散。

兩百年前，無懼的人們乘著拉貝洛船（barcos rabelos）載貨，一路從上游的葡萄園航行至蓋亞新城，能夠人貨均安已是大幸，但至少對託運商而言，這趟驚險旅程必有它經濟上的價值。自1689年，斗羅區色濃渾厚的葡萄酒深受國外酒客喜愛，英法戰爭期間，英國商人爭相尋找大量紅酒的來源以取代法國酒，供英國人享用。

斗羅河紅酒如何演變成家喻戶曉、廣受歡迎的波特酒，這故事可以寫成一本書。但簡言之，以前的商人會在運貨前於橡木桶裡添入一些白蘭地，以防葡萄酒因長途海運而氧化腐敗。經過一個世紀，現代的加烈酒技法逐漸成形，也就是在酒莊裡釀的葡萄酒尚未完成發酵前，直接加入葡萄烈酒。這樣的製程不但能提高酒質的穩定度，還能保留未發酵的糖分。那馳名遠近，又令人陶醉的美酒嫣然誕生。

英國人和託運酒商皆醉心的甜美濃豔的波特酒，但這種酒並不合斗羅當地人的胃口。河谷的種植者向來會自製簡單的餐酒，當地稱為consumo（日常飲用酒）。如同釀酒師Tiago Sampaio的父親曾在他們的對話中提及，consumo通常是紅白葡萄混釀的輕爽飲品。1939年John Gibbons出了一本遊記，內容關於他旅居上斗羅區的所見所聞，他寫道：「我很少在這裡看到有人喝水，大夥兒喝的都是當地的consumo。這東西在居民的血液中流動，彷彿從他們斷奶就開始在喝了。」

自1756年龐貝爾侯爵劃定斗羅產區後，大刀闊斧立法規範了波特酒產業，20世紀後發展更是如火如荼。葡萄牙作家和斗羅酒專家Gaspar Matins Pereira如此闡述，1933年薩拉查接任首相的首要任務之一就是設立三大機關：波特酒協會（Instituto do Vinho do Porto, IVP）監管波特酒生產，斗羅之家（Casa do Douro）負責管理葡萄園產權，波特酒出口商協會（出口商指南）（Grémio dos Exportadores de Vinho do Porto）則規定所有託運商都必須入會。

政府的鐵三角為日後的種種限制奠下基礎。斗羅區的所有葡萄園都要在斗羅之家登記入案，斗羅之家還扮演市場監管的角色，每年會收購多餘的波特酒。至於波特酒出口商協會，入會條件是必須持有150,000公升的波特酒庫存量，並在蓋亞新城具備大規模的酒窖，就此注定了葡萄牙成千上萬個小農的命運。

1930年代期間，波特酒一直有產量過剩的問題，因此在1947年，效力於薩查拉政府的農學家Álvaro Moreira da Fonseca引進了波特酒牌照制度。他把斗羅區生產波特酒的葡萄園做了詳細分類。這套分級制度至今仍有效。他依照葡萄園的優劣分成A級到I級，低於F級的葡萄園不能用來生產波特酒。Moreira da Fonseca的評分制度極為複雜，針對不同考核項目進行加分或扣分，當中包括：葡萄園地點、海拔高度、生產力、土壤土質、整枝方法、葡萄品種、坡度、坡向、日照長短、地理屏障、葡萄藤年齡、種植密度。

每座葡萄園分別都會被授予一張牌照，來決定能生產多少波特酒。IVDP（前身為IVP）每年根據市場狀況進行換照，以防波特酒的產量過剩、供過於求而導致價格崩跌。

牌照制度的立意本善，旨在保護農民與託運商。但就跟許多留存幾十年的官僚思想一樣，老態畢露，隨時有崩壞的危險。

對此，Paul Symington毫不保留地批判，公開表示這是一套無恥的制度。他解釋說，沒有一間大酒廠的牌照配額足以使用他們所有種植或收購的葡萄。那麼剩下的葡萄該怎麼辦？

多出來的葡萄，大部分的生產者會用來釀造不受牌照限制的日常餐酒。但問題是通常這些葡萄的品質稍差，售出的價格還不敷生產成本，進而造成一堆賤價的斗羅葡萄酒在市面流通。

Paul表示斗羅區的葡萄實際成本一年每公斤大約是0.9歐元以上，比起葡萄牙其他產區相對要高。這是因為該產區的坡地陡峭，又是梯田，幾乎無法使用機械作業。加上乾燥的氣候，產量本來就少。

這造成的一個現象是，許多精明酒商以超低價收購這些葡萄，釀造的酒再以智利量產酒的價格賣出。機械操作在智利廣袤的山谷平原暢行無礙，以至於葡萄易於種植採收，這樣釀出的葡萄酒價格低到幾乎要讓大部分歐洲生產者破產。一想到斗羅區如此費心勞力栽種的葡萄所釀出來的酒，最終只能在低價帶競爭，Paul忍不住沮喪搖頭。

另一個解套的辦法，就如同我們在雷瓜市的咖啡廳所見。生產者向無意釀酒或是賣葡萄的農人收購牌照，這也成了一筆極為可觀的生意。Paul堅稱這種生意他們沒參與，但他有可靠的消息來源，有家龍頭波特酒酒廠，每年花上百萬歐元額外收購不附帶葡萄的牌照。

生產者又如何不著痕跡地利用買到的牌照，重新分配他們原有的收成呢？法規容許斗羅區的生產量極高，平均每公頃的葡萄可生產5500公升的酒。但Paul證實了這只是理論上的最高產量，在上科爾戈河區或是上斗羅區根本不可能發生，那裡的葡萄收成能有最大產量的一半就要偷笑了。因此倘若波特酒生產者的牌照和實際生產量突然有出入，他們會聲稱當年的年份極好，葡萄收成達到最高產量。IVDP機構只有四個視察官巡視整個斗羅區，對於這種可疑的說法多少也難以求證。

非法交易牌照早已是公開的秘密。所有斗羅區的生產者和釀酒師都承認這做法很常見。IVDP對此非法交易也不陌生。IVDP技術主任Bento Amaral雖承認牌照系統需要重整，但目前仍是維持現狀。Paul表示這是因為有太多既得利益了。他指的是許多斗羅區的地主光靠「賣一張紙」就能有優渥的收入。Paul Symington個人也是葡萄園地主，他在上斗羅區擁有佔地35公頃的葡萄園。他提及有鄰居（他沒透漏是誰），從沒在照料葡萄園，任黴菌猖獗，葡萄腐爛。與其費心照顧葡萄園，或雇用員工採收葡萄，出售牌照相對容易多了。

隨著斗羅區的靜態酒產量大增，整個斗羅河谷經濟卻遭牌照制度扭曲。酒農希望能以生產波特酒的葡萄收成賺取每公斤1.20至1.40歐元的高價，一般斗羅葡萄酒的葡萄價格則落在每公斤0.25歐元。然而，如今斗羅葡萄酒的生產量多少與波特酒旗鼓相當。儘管波特酒的銷售市場停滯甚已萎縮，在售價上，波特酒仍是碾壓斗羅葡萄酒，這種情形絕非長久之計。

一百年前，波特酒是唯一的行業，未加烈的斗羅葡萄酒從不在商業範疇內。如今它是如何成為斗羅河谷的主流呢？

命運的翻轉

當葡萄牙釀酒師和酒農開始能出國旅遊，當船運從帆船到蒸氣再變成燃油驅動，便有人萌發斗羅河谷是否能生產並出口高品質餐酒的念頭。Ferreira波特酒窖的技術長Fernando Nicolau de Almeida是個勇於做夢的人。受到波爾多之旅的影響，他希望能做出等同於法國特級園的一流斗羅葡萄酒。經過多次試驗，1952年，他的首年份成為後來葡萄牙酒的經典代表。

Barca Velha 是以波特酒觀點而產生的酒。Nicolau de Almeida期望釀出一款渾厚、強勁、複雜並能在橡木桶和瓶中陳年久放的葡萄酒。為此他克服了眾多技術問題，首先要在沒電的Quinta do Vale Meão[26]釀酒，但要能產出優雅的紅酒[27]，酒窖必須維持低溫，因此他們從波爾圖運來了用稻草包覆的冰塊。Nicolau de Almeida的兒子João（出生於1949年）仍記得小時候他和雙胞胎兄弟總是興高采烈地乘坐運冰的卡車到偏遠的酒莊。完成發酵的葡萄酒立即送往蓋亞新城，那裡有涼爽的溫度可確保陳年穩定，避免產生不討喜的「斗羅烘烤」（Douro bake）風味。

João記得父親常會把酒的樣本帶回家。Barca Velha品質檢測中最重要的一環就是在午餐時，讓妻子品嚐瓶身未貼標的Barca Velha，再觀其臉色。傳聞一旦他妻子搖頭，那年的Barca Velha就不會裝瓶。顯然妻子味蕾十分挑剔，40年的生產期只釋出了13個年份。最新的年份2011年，在2020釋出，恰好是自1952年釋出後的第20個年份。

儘管Barca Velha現在遠近馳名，但或許因為這是波特酒酒廠的釀酒計畫，它在過去長年受到的質疑。Barca Velha獲得酒評的高分評價，一瓶售價高達好幾百歐元。數十年來，它在這個價格區間和品質上仍保有獨特的地位。

---

[26] Barca Velha的生產後來移至Quinta da Leda。

[27] 一般釀造波特酒採用快速、高溫的發酵，對於靜態酒而言，可能會造成令人反感的過熟果醬味道。

1970年代至1980年代間，大多餐酒都不是刻意為之，而是利用生產波特酒後剩下的葡萄釀製。此外，一般人並沒有Fernando Nicolau de Almeida所學到的一些釀造知識。Barca Velha的成功關鍵在於它的萃取過程，比波特酒長時間的腳踩葡萄更為輕柔，單寧才不至於過重或澀口。Barca Velha選在Quinta do Vale Meão釀製也是由於它的海拔相對要高，高海拔會讓葡萄酒更新鮮、酸度更好，而這全是成就一瓶釀造優雅平衡的斗羅紅酒的要素，和生產波特酒的標準全然不同。

在Barca Velha誕生將近半個世紀後，João Nicolau de Almeida傳承其父親的經驗，成功打造屬於他的斗羅酒。一開始，João並沒特別把葡萄酒當作志向，但在1970年，他聽其父親的建議到法國唸釀酒學。他回想：「釀酒學是在幹嘛，我當時一點概念也沒有，聽到我爸說『你去法國吧』，我就回『我準備好了』。」

1976年，João回到葡萄牙後，先到了母親娘家的波特酒廠Ramos Pinto工作。他的首要重任就是和他舅舅José António Rosas系統性地研究最適合斗羅區的葡萄品種。他個別在斗羅河谷三個次產區種植並釀造各種葡萄品種。五年的研究結果產生了五種適合的品種：法國杜麗佳（Touriga Franca）、國產杜麗佳（Touriga Nacional）、卡奧紅（Tinta Cão），羅莉紅（Tinta Roriz）、巴羅卡紅（Tinta Barroca）。當時許多人對他們的研究嗤之以鼻，João回想起：「那時候真的很慘，每個人都說你剛從波爾多回來，你懂什麼？」但這些研究卻在日後有長足深遠的影響力。時至今日，這五種葡萄品種仍被視為是優質波特酒和新種葡萄園的基石。

1990年，香檳廠牌Louis Roederer集團併購了Ramos Pinto。簽約當天，João前來迎接他們的新老闆，也是當時Roederer的CEO Jean-Claude Rouzaud。他希望Jean-Claude能試試一款斗羅紅酒樣品，看是否能加入銷售品項。Rouzaud品嚐過後興奮地說：「你們還在等什麼？」因此Duas Quintas的第一個年份就此誕生。

生產優質斗羅葡萄酒的概念，起步相當緩慢，到了1990年代才愈受重視，但真正的發展還得靠一群年輕的斗羅釀酒師，一場喧嘩的派對以及一名奧地利的行銷人才。

斗羅男孩

Dirk Niepoort於1997年接掌家族事業，是不同凡響的一號人物。他的父母分別是德國人和葡萄牙荷蘭混血，他在瑞士受教育，具有荷蘭人常見的體型和捲髮，但他的輕言細語和討人喜愛的直率則全是他的個人特色。Dirk把國際化的葡萄酒觀點帶進了在當時仍是相當傳統的波特酒酒商。

Dirk特別熱衷於餐酒，這點從他驚人的酒窖收藏即可證實，無論是勃根地的特級園，或是長達半世紀的經典葡萄牙老酒他都如數家珍。Dirk喜歡在他定期舉辦的著名餐會上打開這些瓊漿玉液。他總看起來像剛從葡萄園工作回來，身穿短褲、釣魚背心，神情舉止欣然隨興。「你想試看看一些好酒嗎？」他問的時候往往帶著意有所指的眼神，接著走到看似被丟棄的紙箱邊，回來手中拿的是19世紀的馬德拉酒和1966年的Frei João。

Dirk很快就相中斗羅葡萄酒的潛力，儘管他父親對此不願發表意見，1990年，他嘗試釀造了第一個年份的Robusta。酒如其名，具有雄壯渾厚的風格。這款酒從未釋出，但Dirk並不打算就此放棄。1991年，他釀出了第一個年份的Redoma，走的是優雅細緻的路線，此後更成為Dirk的固定商品。斗羅區的氣候乾熱，有的是許多古老的葡萄園，因此要釀出高集中度與複雜性兼具的紅酒並不難。比較需要的技巧是如何駕馭斗羅的力量，展現出它高雅的面貌。

除了Dirk，他的同輩和朋友也都有志一同。1980年代，Cristiano van Zeller就已經在Quinta do Noval釀造靜態酒。1993年法國AXA Millésimes集團收購了Christiano的家族酒廠成為一個轉捩點，斗羅區的世家企業出售給外國公司這是頭一遭，Cristiano的釀酒活動也因此出現空窗。他打了電話給朋友Miguel Roquette，邀請這位Quinta do Crasto的合夥人，一同創業來釀造斗羅葡萄酒。

1994年，這雙人組一同釀製了Quinta do Crasto的斗羅葡萄酒，翌年在倫敦的酒展登場。但倫敦酒展對於斗羅優質葡萄酒的概念仍相當陌生。Cristiano笑說：「人們都說4.99歐元是葡萄牙紅酒的極限。」1990年代末期，他把妻子的莊園Quinta do Vale D. Maria改造成生產波特酒和斗羅葡萄酒的菁英酒莊，並參與修復下科爾戈河區重要的歷史產地。

Quinta do Vallado是另一家在斗羅區不可不提的酒莊，原本的主人是斗羅區的傳奇女泰斗Dona Antónia Adelaide Ferreira，她是當地知名的慈善家。如今莊園由Francisco Ferreira和João Ferreira Álvares Ribeiro繼承，加上Francisco 'Xito' Olazábal的幫助，他目前也是Quinta do Vale Meão的莊主兼釀酒師。他們三個都是Dona Antónia第六代的子孫。

Dirk Niepoort、Van Zaller、Ferreiras、Xito和他們的朋友Tomás、Miugel Roquette（Quinta do Crasto）常聚在一起品酒聊天。他們的共同目標就是將波特酒以外的斗羅葡萄酒發揚光大。他們的酒如實反映了斗羅區乾熱的天候，帶有力量、成熟度與結構，切合時下潮流。如今萬事俱備，只欠東風。

1999年，Dirk到德國杜賽道夫的ProWein參展時，一位來到他攤位的奧地利女性令他印象深刻。她戴著眼鏡、頂著一頭金紅髮，人不但聰明坦率，對於Niepoort的直言不諱也毫不介意。她是Dorli Muhr，曾任維也納葡萄酒公關公司的主任。Muhr在1991年創立了Wine+Partners，三十年後被視為產業中令人欣羨的領頭羊，其影響力自然不容小覷。當這兩人在ProWein相遇，Dirk立即邀約她共進晚餐，她婉拒了，但Niepoort在一年內重新邀請她許多次。

Muhr一開始不太確定該怎麼定義這位特立獨行的葡萄牙釀酒師，但在年末，Muhr終於被說服到葡萄牙一趟，Dirk騎著摩特車載她到斗羅區。Muhr花了三小時在葡萄園裡沉澱，舒緩工作上的壓力，她愛開玩笑說，最終擄獲她的心其實是斗羅河谷，而不是Dirk。

2002年，兩人共結連理。在此同時，Dirk和他的同業組合成非正式的小團體，自稱「斗羅男孩」。他們自然成為Muhr的客戶；誠如她所說，當時葡萄牙還沒有一家公關公司擁有像Wine+Partners的國際通路。

事實上，要讓國外的人對葡萄牙酒產生興趣不是件容易的事。Muhr回憶2003年她在德國主辦的兩場活動非常慘澹。「在慕尼黑，我們只有10位賓客，在漢堡8個，大多是看在我的面子來捧場的朋友，要大家去嘗試葡萄牙酒真的很難。根本沒有人聽過斗羅產區！」

Muhr知道她的思考得跳出框架，於是她在隔年的另一場大型酒展，也就是波爾多的VinExpo，換了一個不同的方法。Muhr的計畫首先是讓斗羅男孩集結來自斗羅河岸的西班牙夥伴，她說：「我們明白大部分的人是為了在頂級法國酒莊舉行的盛大活動而來。因此我們決定做些不一樣的，多來點伊比利半島的風情。」

Muhr打算舉行泳池派對，她租了附有大花園和游泳池的房子。邀請函的設計則是一條海灘毛巾和印有訊息的小卡。他們在Douro Duero的標誌下放入一行字，內容是邀請賓客在酒展度過炎熱的一天後，解開領帶，換上泳衣跳入水裡。

釀酒師們原本預期會有50個賓客，但在活動開始的15分鐘內就出現了150人。Muhr回想：「那天真是太美好了！所有的釀酒師和賓客都在水中，手拿著酒杯歡樂暢談。」唯一美中不足就是外燴無法應付突如其來的大批賓客。因此Muhr馬上請DJ放音樂，心想只要大家開始跳舞，就會忘記肚子餓，大家享樂的同時還能靠著零食和冷盤度過。派對大獲成功，持續到凌晨三點。Muhr回想，要不是警察來關切，否則派對還會繼續下去。這場活動是斗羅男孩的轉捩點。突然間他們有了曝光，塑造了一種對酒認真，卻又摩登、不落窠臼的形象。

這場活動的影響力遠超乎想像，15年後，斗羅葡萄酒成為全球酒商架上常見的酒款。斗羅男孩[28]的名氣固然是宣傳不可或缺的動力，但更重要的是，他們有自信提高葡萄酒的價格。他們的酒或許不像Barca Velha如此珍稀或遙不可及，但也不再是先前英國酒展堅持一瓶賣4.99英鎊的廉價酒。

---

28 Muhr和Niepoort的婚姻並沒有走到最後，他們在2007年離婚，Muhr搬回奧地利，除了繼續經營Wine+Partners，如今也在家族位於卡農頓產區（Carnumtum）的莊園釀酒。

在這15年間，斗羅河谷的釀酒師技術臻至純熟。釀酒師學會如何駕馭斗羅區最好的特質——國產杜麗佳在混釀中所散發的銷魂紫羅蘭香，和法國杜麗佳天鵝絨般的口感。他們抑制葡萄的成熟度，減短入桶的時間，展現了斗羅酒解渴的果酸，細緻的口感如同法國聖希尼昂（Saint-Chinian）或西班牙普歐拉特（Priorat）的酒。斗羅河谷有許多老藤，它們賦予酒更多複雜的層次感，綜合各種乾燥草本、薄荷、煙燻的香氣。

獨立時代

在葡萄牙加入歐盟前，小型的斗羅酒莊理論上能夠裝瓶甚至販賣他們的酒，但很少人這麼做。波特酒的重要性深植在農民和託運商的腦海中，而且在蓋亞新城若沒有酒窖倉儲，想當個精緻波特酒生產者的想法根本是痴人說夢話。

Quevedo家族在五個世代以前，以種植葡萄和生產波特酒起家。酒莊據點在聖若昂達佩斯凱拉（São João da Pesqueira）小鎮，上科爾戈河區的正中心，他們銷售波特酒的途徑只有一個。

每年一次，會有個彬彬有禮、衣著講究的英國人來到Quevedo的門前，竭盡所能地以葡語交涉。當時沒有所謂的契約或是保證。英國人要以多少錢買多少量，都非Quevedo或是其他當地的葡萄牙家族所能決定。

Oscar Quevedo（出生於1946年）接手酒莊時，他從父母雙方家族一共繼承了60公頃的葡萄園，必須僱用不少員工來照料，而這可不是什麼有利可圖的生意，因此Oscar的正職是個律師和公證人，而他妻子則是醫生。

在Oscar掌管酒莊期間，他們家還陷入兩次財務困境。最慘的是在1954年，Oscar的舅舅Jorge Teixeira Costa在他的婚禮當天，準備好要載家人一同到拉梅戈鎮（Lamego）的教堂。Jorge在瓦羅薩河（Varosa river）的陸橋上，為了閃避一台熄火的計程車，他的車與對面迎來的卡車相撞。卡車司機險些葬身河底，而一整車的波特酒桶都落入了水中。這起災難的問題不只

Oscar Quevedo Junior

如此。Jorge無照駕駛，因此保險公司拒絕理賠所有損失的波特酒，而Jorge也沒有錢，Quevedo家族慘賠175,000埃斯庫多[29]，此筆鉅額損失造成Quevedo酒莊生意倒退好幾年。

接下來的十年間，命運並沒有眷顧這個家族。從1950年代到1960年代Quevedo合作的波特酒託運商破產，連續兩年收成跳票。Oscar的父親João在69歲那年死於心臟病，很有可能就是家族龐大的財務壓力導致。

即便如此，在20世紀末之前，Quevedo家族對於創業和冒險改變並不感興趣。但Oscar的小兒子Oscar Junior即將徹底改變局勢。

1983年出生的小Oscar記得在聖若昂達佩斯凱拉的成長時期，由於家族始終難以達到收支平衡，因此幾乎每次家裡飯桌上總會談到葡萄酒生意，小Oscar厭倦聊天老是圍繞在這話題。

小Oscar自幼就在思考該如何逆轉他們的財務狀況，12歲的時候，他在家族的房子外擺攤，試圖把波特酒賣給過路客。父親會給他10%的銷售利潤，但生意慘淡，因此他決定另尋方法賺錢。

他看上家族房子的後面一塊沒用的土地，和父母商量將其改成蔬菜園。但那塊土地整理起來還真要人命，不但得清理，還得抽出多餘的地下水。小Oscar蔬菜園的生意維持了兩年，一開始販賣蔬菜的對象是當地的店家，後來只能賣給自己的父母。他賠了點錢，最後坦承這雖然很有趣，但一點也不符合經濟效益。

有一次小Oscar在雜誌上讀到關於股票市場操作，這又讓他燃起了鬥志。股市聽起來似乎就是迅速致富的聖杯，於是他從13歲就開始玩股票。有鑑於他未成年，他姊姊Cláudia會把該簽的表單簽一簽，到證券行依照他弟弟精心研究的結果進行交易。一開始是小Oscar自己掏錢投資，但當Cláudia注意到弟弟在這方面的敏銳度，她自己也把錢投了進去。

---

[29] 換算成今日約十萬歐元。

年少的小Oscar很清楚做葡萄酒和務農沒有前途可言，因此幾年後，他到波爾圖念經濟學，並進入金融業工作，直到2005年，他搬到日內瓦，在一間投資銀行擔任資產管理經理，這是他人生第一個功成名就的機會。

姊姊Cláudia走的道路則與小Oscar完全相反。從年輕的時候，Cláudia就愛上了葡萄酒，儘管父母反對，她也堅決要學習成為一名釀酒師。她在雷阿爾城（Vila Real）完成學業後，1999年，加入父親老Oscar的釀酒行列。這對Quevedo酒莊是非比尋常的一刻，這是她父親第一次覺得自己在這行業中並不孤單。

小Oscar的外表並不像銀行家或是商業鉅子。他比父親精瘦，男孩般的笑容感染力十足，即便背負著家族包袱，也全然看不出來。而無論他如何抗拒，始終無法將自己與家鄉或家族酒廠切割開來。

儘管他在日內瓦生活，每個月還是會飛回葡萄牙斗羅數次。直到他遇見西班牙籍的妻子Nadia Adria，日內瓦對他的吸引力才漸漸消退。2007年，他在馬德里找到一家併購公司的工作。事後回想，他坦言：「當時離職的方式是挺殘忍的。或許是我太感情用事了。」小Oscar沒有給雇主任何討論的機會，或是讓公司幫忙解決遠距的問題。他的辭呈一出，駟馬難追。

搬到馬德里後，小Oscar離家鄉只有五小時的車程，他固定在週五下班後前往斗羅，週日再返回馬德里。他解釋說：「斗羅和我的家鄉小鎮就那麼近，要我不常回去也難。」一提到聖若昂達佩斯凱拉，他的聲音中有濃濃的鄉愁，他說：「如果你問我是哪裡人，我還是會說我的家在聖若昂達佩斯凱拉。在我腦海中，我還是住在那裡的小男孩，熟悉所有的巷弄和街坊鄰居。」

儘管小Oscar厭惡在餐桌上老談家族酒業，但他仍深受葡萄酒吸引，於是在閒暇之餘，他還會同姊姊設法外銷自家的酒。

2007年的某日，姊姊Cláudia私下聯繫了小Oscar，告訴他有一對剛搬到巴塞隆納的美國夫婦，正要舉辦葡萄牙酒的品飲活動，她想寄些樣品酒過去，但估計父親會覺得不划算，於是想徵求弟弟的意見，小Oscar認為這是天大的好機會，於是他們便把樣品酒寄送過去，並且不久後就見到Ryan和Gabriella Opaz[30]夫婦。

Ryan和Gabriella Opaz經營的公司叫Catavino（西班牙文意指「品酒杯」），旨在顛覆整個酒圈的討論話題，其商業策略在當時也頗為創新。他們認為酒莊應該要建立網路資料、經營實用的網站，就連嘴裡說的都是部落格、推特動態、搜尋引擎優化等全新的網路用語，聽在許多葡萄牙或西班牙的家族酒莊的耳裡像是外星語，但還是有人能看到它的未來前景。

小Oscar開始與Ryan合作，他明白要讓Quevedo的外銷起死回生，數位專業或許是關鍵。小Oscar擔心父親會反對這項投資，因此用現金支付Catavino的顧問費，Quevedo從此多了一個網頁和部落格，兩者都斬獲成效。

2009年初是小Oscar人生的轉捩點，當時與他情同好友的祖父去世，因而動了搬回葡萄牙的念頭。他猶記在斗羅的某個周末，當時父母正在廚房準備午餐，Oscar提起他想辭掉馬德里的工作回到酒莊工作。

「我爸爸沒什麼反應，他只回OK，好。」小Oscar有千頭萬緒，或許是父親不想給他壓力，又或擔心傷及他的自尊，說不出口的是小Oscar不該把自己當成救世主，像是一名回頭浪子來拯救家族事業，他必須掙得自己在家業的地位。

酒莊生意開始有了神速的發展，部分歸功於Oscar和Cláudia所打下的基礎。想到社群媒體能為外銷帶來的效益，Oscar開了推特帳號，很快建立起網路人脈。2009年，Quevedo和Naked Wines簽約，那是在前一年成立的一間英國葡萄酒俱樂部。同年，他們利用酒莊因牌照配額而多出來的葡萄，創造了一系列的斗羅餐酒，命名為「Oscar和Cláudia的葡萄酒」。該系列用了怪異、手繪的標籤設計[31]，酒的訂價也相當有吸引力，雖然他們的酒和斗羅男孩或是Casa Ferreirinha（Barca Velha）所釀的高級葡萄酒截然不

---

[30] Simon註：許多讀者或許會認為在這裡提到Ryan有點奇怪。但他和Gabriella無疑是這故事的一環，而他們的工作也成為Oscar Quevedo junior的靈感來源。如果將他們從故事中拿掉會有失真誠。

[31] 2015年手繪的酒標在已改換成更光亮、商業化的設計，少了原本手繪的味道。

同，但他們仍保有斗羅區典型的濃厚、成熟果香和扎實的結構，是適合每天品飲、實實在在的葡萄酒。

到了2013年，隨著外銷蓬勃成長，Quevedo決定不再把大宗的葡萄酒賣給大型波特酒窖。穿著講究的英國紳士時代已結束，小Oscar證明了自己的想法，他說：「我們再也不用到蓋亞新城的大酒商門前敲門。我們找到了另一個營利的方法。」

現在的小Oscar看起來依然不像典型的執行長或生意人。我們前往拜訪聖若昂達佩斯凱拉時，發現有台小型挖土機正在拓寬停車場的排水溝，從駕駛艙跳出來的竟是小Oscar，他在工作閒暇之餘所展現的技能，大概也不是從日內瓦學來的。

如今，Quevedo擁有104公頃的葡萄園，每年約莫生產一百萬瓶酒，儼然轉變成真正的企業。此情此景在1980年代末期以前的斗羅絕不可能發生，這對酒莊來說無非是一大成就。

小即是美

20世紀的斗羅河谷有發展成大企業的Quevedo，也出現一些專釀優質酒的菁英酒莊，經營者大多是千禧世代的葡萄牙人，他們的動力不是來自於商業利益，而是為了實現夢想，釀出道地的葡萄酒。

Rita Ferreira Marques在斗羅的葡萄酒業打滾多年，她目睹這期間巨大的改變。2000年，她才剛起步時，認真在釀斗羅紅酒的生產者占少數，如今已有400多位。然而葡萄酒並不是Rita的初戀，她從小在孔布拉市（Coimbra）長大，但年輕的她，對於葡萄酒和家族位於上斗羅區的葡萄園並沒有太多憧憬。他們家數十年來一向都把葡萄賣給波特酒生產者，對Rita的母親來說，葡萄藤就僅是生財工具而已。

Rita Marques

一直到Rita唸了工程學後才發現她志不在此，便轉至雷阿爾城攻讀釀酒學位。話說這種命運般的轉折，似乎是新一代的葡萄牙釀酒師共同的遭遇。Rita在2001年畢業後，便感受到斗羅殷切的呼喚。

儘管Rita給人的印象安靜內向，其實這位體態纖瘦的釀酒師要不是性格執著，就是徹底的工作狂。2002年至2003年間，她在Niepoort獲取工作經驗後就四處旅行。她說：「走出舒適圈很重要，要去看看不同的東西。」起初，她指的是到波爾多研習，之後她甚至跑到加州大學戴維斯分校、紐西蘭和南非。

返鄉後，Rita的母親Carla Ferreira提供了她一個難以抗拒的機會：她允許Rita使用家族部分的葡萄園去釀酒，而不再只是賣葡萄。於是Rita開啟了她的釀酒事業。對市場觀察敏銳的她，與一名平面設計師合作創造酒莊的品牌概念，酒莊也就真的以「概念」（Conceito）為名，並在2005年釋出首批作品。

Rita的目標是要顛覆斗羅酒的風格，這靈感來自她在 Niepoort的工作經驗。她追求的不是像前輩那種渾厚雄壯的經典斗羅紅酒，而是更為輕盈纖細的風格。撇開個人偏好不說，這樣的決定也更符合她家族葡萄園的特質。

上斗羅是斗羅河谷最乾熱的區域，但Rita選擇的葡萄園位於塔葉河谷（Teja Valley），它離斗羅河遙遠，海拔位置相對較高，地形則是連綿起伏的小丘陵，與上科爾戈河區那些足以令人懼高的梯田大有不同。相較於鄰近莊園的燥熱，譬如Quinta do Vale Meão，這裡的天候能讓Rita能釀出她偏愛的涼爽氣候風格。

諷刺的是，Rita家族的葡萄園位於冷涼的高地，表示以波特酒的葡萄園來說等級並不高，製作波特酒最看重的就是葡萄的成熟度和酒精度，而釀餐酒最好的葡萄往往和釀波特的條件不同。當你在葡萄酒中加入將近五分之一的葡萄烈酒，需要的是雄厚的酒體才足以支撐，因此波特酒生產者會盡量挑選熟度高、色澤深、單寧強的葡萄。但這些被誇大的特質，並不適於釀製餐酒，好在斗羅葡萄酒業也逐漸明白這個道理。

Rita並未因為有了酒莊就放棄旅行。她說：「斗羅區的冬天又冷又無聊。」因此一到冬天，與其在家閒閒沒事做，她寧可飛到南非釀酒。每年，她會到斯瓦特蘭（Swartland）的Boekenhoutskloof酒莊去釀造波爾多式的混調葡萄酒，以Conceito的品牌銷售。她也在紐西蘭馬爾堡（Marlborough）釀製了2010和2011年份的白蘇維翁（Sauvignon Blanc）。然而，就算精力充沛如她，也不打算每年都去。

在Rita的眾多酒款當中，最具代表性的就是巴斯塔多（Bastardo，葡萄牙文意指「私生」）。這款酒以其葡萄品種命名，而該品種即是侏羅的原生品種，當地稱為特盧梭（Trousseau）。到目前尚未有人能證實它是如何傳到葡萄牙的斗羅區。Rita的家族一直都有一塊專種巴斯塔多的地。之所以不是和其他葡萄混種，而是單一葡萄園，顯然是因為它珍貴的成熟度和高糖量，但就是在色澤上差了那麼一點。

Rita釀的巴斯塔多輕盈活潑、帶著迷人的胡椒氣息。某些年份的顏色看起來跟粉紅酒差不多。這也是唯一一款在石槽中用腳踩葡萄的酒。儘管Rita集結了老藤、傳統技法，低干預的釀造方式釀出該酒的本色，也受到不少人欣賞，但仍拿不到斗羅DOC的認證。因為IVDP的試飲小組不認為它符合該產區典型的紅酒特色。但它「私生」、低階日常餐酒的身分並不影響它的銷售，每年仍是售罄。

• • •

從塔葉河谷下山，橫跨斗羅河，再攀爬到另一側就會抵達斗羅桑芬什村（Sanfins do Douro）。這是一個相當靜謐的村莊，甚至讓人感覺狗比人還多。街道由鵝卵石鋪砌而成，房子則是風化的頁岩、板岩石所造。桑芬什當然也有生產葡萄酒，但並不像其鄰居上科爾戈河區享譽盛名，因為他們的葡萄園坐落於海拔700公尺的高度，這在農學家Moreira da Fonseca的評分中無疑是項扣分。

斗羅桑芬什村釀酒合作社（Adega Cooperativa de Sanfins do Douro）成立於1958年。Tiago Sampaio的祖父也差不多是在那時停止釀酒。畢竟，把一卡車的葡萄載送到釀酒合作社換取現金輕鬆多了。

Tiago Sampaio

Sampaio家族的酒窖與祖母的老房子形成一個三合院的庭院。房子裡老祖母已不復在，但昏暗的室內與斑駁的植絨壁紙，彷若一禎歲月凍結的老照片。庭院裡，一些彎曲架高的葡萄藤與晾衣線和衣服纏繞一塊。庭院外有廣闊的視野，村子下方的教堂和山丘一覽無遺。

Sampaio家的酒窖雖小，但空間設計得宜，整面牆緣站了一排傳統花崗岩石槽。它們看起來有點像巨大的澡缸，每一個架高的四方形槽能容納六個人來踩葡萄。在Tiago成長的1980年代，這座酒窖逐漸荒廢，屋頂坍塌，其中一個石槽還冒出了樹來。

然而對釀酒和種植葡萄都深感興趣的Tiago，13歲時就在農業學院就讀，祖母對他的志向感到不以為然，她認為Tiago應該要有更宏偉的目標，取得高學歷，再到城市工作。1999年，Tiago說服了父親讓他釀酒，他湊合著使用老舊的酒窖，哪管石槽的樹木早已衝破屋頂，高入雲天。Tiago對學習也很認真，他在斗羅的雷阿爾城完成必修的釀酒學位後，2000年代初期前往美國奧瑞岡州（Oregon），攻讀葡萄種植和釀酒的博士學位。

Tiago返回斗羅後深具現代釀酒知識。他吸收了在奧勒岡的主流釀造風潮，譬如延後葡萄摘採時間，以及對高酒精度和重度萃取的執迷。此外，Tiago也醉心於奧勒岡的特色品種黑皮諾（Pinot Noir）。

因此當他回到老家山上的葡萄園後，第一件事就是種植了幾排的黑皮諾。他認為在這高海拔的地勢上理當能成功。他盡可能仿照他在美國所學的一切，釀出的第一個年份是2007年。他採收的黑皮諾能釀出14%以上的酒精濃度，並放入橡木桶陳年。

回想剛回斗羅釀酒的前幾年，他坦承他像是與葡萄園拔河。高海拔的葡萄園可以釀造出新鮮、活潑的酒，兩杯下肚也不致於讓人昏眩。但奧瑞岡的風格仍存在Tiago的心中。最後他恍然大悟：順其自然，無須強求。

在斗羅區，桑芬什市與鄰近地區這樣特異的小角落，顯然反映出該產區的矛盾。何以言之？斗羅往往被認為是單一的葡萄酒產區，反映一種葡萄酒的典型風格，適用一套法規制度。但開車上山到Tiago的葡萄園，就能證明斗羅的多元性，就算列出三個次產區也不足以揭開斗羅河谷的全面風貌。

關於斗羅產區的普遍認知對Tiago來說並不管用，João Nicolau de Almeida備受讚譽的研究中所提的建議，他也無法理解。當他在最愛的弗朗斯卡紅（Tinta Francisca）葡萄園中散步時，他說：「在這裡我最不可能種的就是國產杜麗佳，說它到哪都能長得好是個迷思。」他在釀酒的道路上，已經走上與他的老師們相反的路。Tiago如今盡量在釀造過程中不干預，不添加酵母來控制發酵，裝瓶時不澄清過濾，避免淡化酒的個性。

雖然Tiago的酒窖看起來一團亂，但他懂釀酒，喝過的自然能心領神會。我們在2017年前往拜訪時，他的石槽裡擺放各種尺寸的木桶，地面上堆疊了木桶和酒槽。那裡有許多試驗性質的特釀（cuvée），包括覆蓋一層酒花的陳年麝香葡萄酒（Moscatel），以及發酵兩年還不足5.5%酒精度的晚摘白酒。

話說回來，Tiago的品牌取名並不順遂。最初的幾個年份裝瓶用的酒標走龐克風格，品牌名字Olho no Pé，字面指「眼睛看腳」，意為「小心走路」，卻赫然發現這名稱在英語市場中並不好記，因此改成Folias de Baco。如今他大多數的酒以Uivo系列的名稱推出，除了在葡萄牙仍用Olho no Pé這個品牌名。

不管酒標的名稱是什麼，Tiago的風格很有辨識度。他的酒鮮活、輕盈，但絕不簡單。不管是白酒或紅酒都有種迷人的質地。自然氣泡酒（pét-nats）變成他一個小小的執迷，而且釀得出色，他的小粒麝香葡萄（Moscatel Gallego）帶有清晰的薄荷香氣。麝香葡萄是法維奧斯地區（Favaios）的特產，Tiago在那裡也有自己的葡萄園。

Tiago也釀極不甜的波特酒，殘糖量是一般波特酒的一半不到。雖然好喝，但無法被當作波特酒販售，除非他額外投資來增加庫存量，也就是說每年得保留三分之一的波特產量才能符合現存的法規。

Tiago的其中一個試驗如今變成固定酒款，那就是Renegado（葡萄牙文意指「叛徒」），這是Tiago對consumo的致敬。葡萄採收自混種古園，裡頭含有大量的白葡萄，紅白葡萄一起採收，一起發酵，採用細緻的手法而不入橡木桶，來確保釀出來的酒輕如羽毛、值得玩味。你可以把Renegado視為是有個性的粉紅酒，或是帶有香料氣息的普飲酒，顯然也是Tiago的爸爸唯一願意屈尊喝下的酒。

以葡萄牙人的身形標準來說，Tiago是個高個子，比許多同輩都要來的高。他乾瘦的像根棍子，頂著濃密的黑髮，掛著像大男孩般的笑容，散發出一種悠閒、隨和的個性。但他有雄心壯志，特別是講到所有斗羅釀酒師「最愛的」機構——波特酒和斗羅河葡萄酒協會（IVDP）。

原因很簡單。IVDP定期的審查小組盲飲對Tiago的酒並不友善，許多酒他們都拒絕授予斗羅DOC認證，因此Tiago的酒標不能標上產區。每每看到審查小組注重的是能否辨識出木桶的影響，特別是珍藏等級（Reserva）的酒，他的失望自然不在話下。當然，遭受IVDP打擊的人不只有他。IVDP的技術總監Bento Amaral承認該機構該與時俱進，也曾邀請Tiago在一個比較輕鬆的場合中，讓審查小組試飲他的酒。但到目前為止，IVDP和這些叛逆的釀酒師還沒找到溝通的方式，也不知道該如何協助彼此。

Tiago的釀酒技術看似無法打動IVDP，但他的作品卻逐漸受到同業的注意。2017年，Vasco Croft邀請他到綠酒區擔任Aphros的釀酒顧問，他滿腔熱血地接受了這個任務。帶著典型葡萄牙人的謙虛，他拒絕接受任何費用，堅稱這是絕佳的學習機會。Vasco順勢送了他兩個古老的陶罐作為回報，如今Tiago用來釀造自家的陶甕酒Uivo Anfora。

所幸在巨大的陶罐送到之前，Tiago已經整修好自家原本擁擠的老酒窖。桑芬什市的釀酒合作社倒閉後，陰森但空間寬敞的酒廠終於要被出清拍賣，Tiago逮住了機會收購。2019年，他將Folias de Baco移至此新據點。這是多麼美麗又諷刺的對比，這座曾扼殺Tiago家族和其他許多人的釀酒事業的建築，如今浴火重生，成為桑芬什市最特立獨行、卻又成功的釀酒職人的棲身處。

• • •

João Nicolau de Almeida曾感嘆「土地與葡萄酒的切割像是一種人格分裂。」如他所言，自古波特酒的調配師在蓋亞新城一方，而農夫則在斗羅河谷這一邊，互不相干。但時代已改變，João Nicolau de Almeida的兩個兒子將展示能與土地連結更好的方式。

Nicolau de Almeida家族位於上斗羅區的莊園Quinta do Monte Xisto，在家族兄弟Mateus和小João的努力下，改採生物動力農法。他們釀製的日常餐酒以Trans Douro Express and Muxugat的品牌銷售。João Nicolau de Almeida一開始心存質疑，但很快就改變心意。他曾在葡萄牙的報紙Publico採訪中說：「用這樣的方式重新看待土地，有一種自然且具人道的感覺，畢竟沒有人想死在污染的土地。」

如今斗羅的生產者已轉換焦點。無論是像Nicolau de Almeida兄弟、Tiago Sampaio或Rita Marques，都希望能透過他們的酒彰顯出斗羅河谷的特色，而不是反其道而行。

波特酒不再是斗羅唯一的焦點，即便波特酒牌照制度仍在扭曲斗羅葡萄酒的市場。然而現在大家更在意的是氣候變遷所帶來的隱憂：攝氏45度的夏日高溫、採收期提早至七月，愈來愈稀缺的採收工人也是個大問題。

物換星移，唯一不變的是斗羅河持續平緩的流動，流經古老的梯田和歷史悠久的莊園。不變的還有那雷瓜市的平凡無奇。

Oscar Quevedo和他的祖父 João Batista Quevedo

斗羅河谷上科爾戈河區的梯田

第四章

山林秘境

Serra

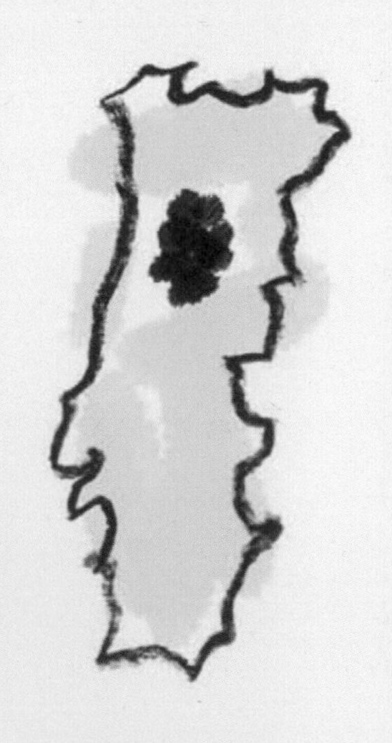

來到杜奧（Dão），人們可能會直接開車穿越而沒注意到這是葡萄酒產區。這裡的地塊被丘陵、山脈和露出的花崗岩分切地相當零碎，從主要幹道望去，不易察覺有葡萄園，過去也沒有像樣的高速公路建設，直到1989年，靠著歐盟的經費，前往這個人口漸減的鄉村幹道才有大幅改善。

杜奧區坐擁葡萄牙大陸最高山埃斯特雷拉山脈（Serra da Estrela），海拔高度1993公尺。相比於鄰近的斗羅（Douro）與百拉達（Bairrada），杜奧更為荒蕪崎嶇，如今仍是人跡罕至，它的主要市區維塞烏（Viseu）連個火車站都沒有，因此沒開車等於是寸步難行。

埃斯特雷拉山脈十分能代表葡萄牙。海拔雖高，卻極為低調，連山脈的至高點也不是顯眼的高峰，而是位於高原上的托雷（Torre）。相形之下，與山脈同名的羊奶乾酪在國際上名氣更勝，它的質地柔軟，罕見地不加凝乳酶[32]，許多起司的愛好者甚至不知道它原來是個山名。

除了登山客，觀光客往往會跳過杜奧區。就算是愛酒人士，也很有可能直接前往斗羅河谷或綠酒區（Vinho Verde），沒有人會對杜奧加以考慮。然而這是相當可惜的一件事，杜奧不但是風光明媚的一方淨土，就以專家們的意見而言，它也是葡萄牙最重要的紅葡萄品種國產杜麗佳（Touriga Nacional）的發源地，葡萄品種溯源的專家José Vouillamoz就曾表示，杜奧的杜麗佳克隆多樣性更甚於其他產區，這也成了杜麗佳可能源於杜奧的重要線索。

---

[32] 改用Silybum marianum（又稱milk thistle，牛奶薊）作為替代。

果農在*Quinta da Pellada*修枝

杜奧區得名於杜奧河，河流呈對角線由東北向西南將該產區一分為二。杜奧區曾以生產全國最優雅、最經典的紅酒著稱。受惠於得天獨厚的氣候與土壤，杜奧能釀出結構好，深色水果香氣，伴隨高單寧與鮮活酸度的紅酒，因此自1908年開始，杜奧就被歸為優良葡萄酒產區[33]。然而，杜奧的名聲在長達三十年的政府干預之下化為烏有，它的葡萄酒品質如從埃斯特雷拉山脈陡峭的斷崖直落千丈。最諷刺的是，杜奧是葡萄牙總理薩拉查的家鄉，在他掌權期間，他在杜奧都還擁有葡萄園。

就如Richard Mayson在1992年版的《葡萄牙酒與釀酒師》（Portugal's Wines and Winemakers）所述，杜奧的軟肋在於十幾萬名的種植者，各自坐擁一小塊葡萄園地，大小近似私家的後花園，一點也不像專業的葡萄園。自給自足的農業型態在當地很常見，人們釀葡萄酒主要是作為自家飲用的日常必需品。如此零散的生產方式在品質上既不穩定，在產量上也沒有規模可言，完全不符合現代人對葡萄酒產區的期待。

薩拉查政府一心想透過葡萄酒業合併管理，來盡可能提高生產效率。自1954年，他們在杜奧設立了十座大型的釀酒合作社，同時立法禁止私人酒莊買進葡萄。如此一來，合作社順理成章地壟斷當地的釀酒產業。釀酒合作社的模式遍布全國，但唯獨杜奧區禁止私人酒莊購買葡萄。

釀酒合作社雖是全新的建設，但生產設備簡陋，釀酒技法和衛生管理更是草率。更糟的是，他們往往也不在乎送上磅秤的葡萄是好是壞。這不但使葡萄酒的水準大幅下降，也徹底影響種植者的心態。釀酒合作社純粹以量計費，而不管品質優劣。農民提供的量多賺得就多，也沒人管究竟能不能釀出好酒。

直到1989年，在歐盟的施壓之下，這一套反競爭的約束性模式才遭廢除。但是在當時傷害已經造成，杜奧產區的葡萄酒發展一蹶不振，這點從當時葡萄酒作家的評論來看就能明白。Jancis Robinson回想在1990年代前，杜奧產區的酒是世界上「最粗糙、空洞、庸俗的酒」。據說英國著名葡萄酒大師（MW）Michael Broadbent還用「羊騷味」來形容杜奧葡萄酒的特殊風味。

---

33 原名為Originally Região Demarcada，如今改名為Denominação de Origem Controlada或DOC。

《紐約時報》的葡萄酒專欄作家Frank J. Prial則在1984年的一篇文章中提醒，「酒評對於杜奧紅酒的品質評價分歧。有些人認為，即便是釀得不錯的杜奧紅酒，也過於乾澀並帶有紙味。」他加上自己的評論，「事實上，杜奧紅酒的風格千變萬化，從柔順易飲到粗糙不平衡的都有。」

到了1989年，生產者早已習慣相對好賺且有銷售保障的管道。葡萄酒產業仍是釀酒合作社主導。釀酒師António Madeira解釋說，在採收期間，路上運送葡萄的卡車大排長龍，因此種植者乾脆睡在車裡過夜排隊，要不然就得放棄前往地磅站秤重並算錢計價。

到了1990年代，在杜奧看顧葡萄藤開始成了年長者的專職。自1986年葡萄牙加入歐盟後，年輕的一代有了更多的機會，在父母的鼓勵之下到城裡工作，有些人則搬到里斯本或波爾圖，甚或乾脆離開葡萄牙。

João Tavares de Pina

凡是規則總有例外，João Eduardo Tavares de Pina就是其中一例。João從小在波爾圖長大，1991年在他三十歲之際決定搬回遠在杜奧的家族莊園。

João說起話來極具感染力，無論是用葡萄牙語或帶著濃厚口音的英語，當然他自認他的法語更加流利，這是因為1980年代前，葡萄牙學校普遍教授的外語都是法文。他拉長語調的聲音如同粗糙砂紙般，在臉上刻印出永恆的微笑。João也善於製造驚喜——經常藏在一些看似不重要卻令人意外的細節，就等你停下來確認回味。

二月的某個傍晚，在他鄰近**佩那爾瓦堡**（Penalva do Castelo）小鎮的家中，我們一邊聊天，他一邊準備晚餐。 João的廚藝了得，做起菜來也很有熱忱。他解釋說：「這是我每天的例行公事。回到家、開火、煮菜，我就覺得很開心了。」看著他把鱸魚切成如義式生肉的薄片，再以檸檬和橄欖油醃漬，令我們食慾大開，喜不自禁。

João說起他的家族歷史和佩那爾瓦堡的淵源，這點從附近的街道和村莊名都含有他們家族姓氏就足以證明：譬如Travanca de Tavares、Chas Tavares和Varzea de Tavares。家族酒莊Quinta da Boavista（與斗羅聲望遠播的同名酒莊並無關係）在1894年以商業酒莊形式成立。

João的祖父在他口中是個「認真的釀酒師」，儘管一直到新國家政體垮台前，酒莊不做裝瓶而是以銷售散裝葡萄酒為主。

他的父親João António曾在Sogrape集團中任職。如同當時大多數的父親，他期望João或是三個兄弟的其中一人能夠繼承衣缽，進入大公司擔任釀酒顧問。而最終在1980年，被送到波爾多學習釀酒三年的正是João。

到了法國，João跟隨當時的一些新起之秀學習，包括已經逝世的傳奇釀酒師Denis Dubourdieu。João回想當時他對波爾多酒並無特別的喜惡，僅是接受了他們在1980年代葡萄酒界的崇高地位，但是他對波爾多這個城市的髒亂和普遍的歧視倒是頗有微詞。

João在1983年返回葡萄牙後，繼續在雷阿爾城（Vila Real）的山後-上杜羅大學（University of Trás-os-Montes and Alto Douro, UTAD）大學進修，談及此地，他戲謔地向我們做出驚人的自白：「你知道我在這裡發現了現在全世界最受歡迎的釀酒酵母之一嗎？」當時我們正在參觀他樸實的酒窖，自1990年代起這裡就不使用人工酵母。João這番言論令人感到些許震驚，鑒於大家都知道他釀的是自然酒，採用的是野生酵母或是葡萄皮接觸空氣所產生的外界酵母。

但João並非開玩笑，他在取得農業學學位後，展開了為期三年的研究計畫，分析來自綠酒區的700個樣本，最終分離出來了現稱QA23的酵母。QA23或許不是朗朗上口的品牌名，卻從此成了全世界最熱門的釀酒酵母，透過加拿大的拉曼酵母大廠（Lallemand）的製造代理，以吸塑包裝銷售給全球數以百萬的釀酒師。

João對這顯然的矛盾一笑置之──「我可是由黑轉綠啊！」──但他也坦言，一個釀酒師若想要減少人工干預、除去一般主流生產者使用的添加物，扎實的技術知識不可或缺。

重返美景酒莊

João殷殷期盼能回到荒廢數十年的家族酒莊釀酒，儘管後來導致他與父親之間的緊張關係。1990年，João娶了里斯本的女孩Luisa Lopes，他的說法是：「Luisa來自南方，我來自北方，我們需要找個中間點。」家族酒莊Quinta da Boavista的位置對他們倆再完美不過，就算這意味著他們得離開都市生活，改過極為鄉村的日子。

1991年，這對新婚夫婦搬到莊園，靠著Luisa在當地學校教授生物和地質學，以及João兼差畫工程圖來維持生計。在此同時，João的父親仍是酒莊的所有人，他們父子達成了不知能維持多久的協議，讓João來釀酒，而父親負擔所有酒莊開銷，以及全權處理葡萄酒的銷售。

João解釋說，位在杜奧這種窮鄉僻壤的Quinta da Boavista對他而言更像是一種義務，而不是出自商業考量。他自問：「誰會想投資像這樣的一個酒莊？」。至於為什麼他的三個兄弟不在意他獨佔使用這個莊園，他解釋說：「我們在這地方沒賺過錢，只有開銷。因此我的兄弟說過，只要別跟他們要錢，隨便我做什麼都可以。」

João也就這麼順水推舟。1996年是他釀的第一個年份，他父親把酒賣給葡萄牙數一數二的葡萄酒俱樂部Enoteca。他的酒是典型的杜奧風格，直接、清新、結構札實。João 的1997年 Terras de Tavares至今還是相當美味（他在我們的拜訪時親切地開了一瓶），但這類型的酒在90年代至2000年代初期並非主流。

這時期的葡萄牙盛行熟透水果、桶味重的紅酒。有些生產者開始把葡萄牙的原生品種拔除，改種卡本內蘇維翁或希哈。著名的美國酒評羅伯帕克給的分數就是貨幣，人人皆追逐之。杜奧的那種低調、經典的葡萄酒，誠如João所說的，不夠「時髦」。

João持續他的兼差工作，這次是出售酒莊設備，也因此結識了許多國內頂尖的釀酒師，像是Dirk Niepoort和Jorge Serôdio Borges。終於在2004年，他父親受夠了一直「賠錢和浪費時間」，隨著他倆的合作關係終止，金援也沒了。

再不做些改變，慘澹的日子就要來臨了。如今他回憶笑說2005至2007年是他的「商業化時期」。當時他想既然事情發展地不順利，就一定得做出改變。但他的解決辦法可會讓傳統派的老Tavares de Pina都反感，那就是順應潮流，採用成熟、晚摘的葡萄，再利用法國小桶陳年。

風格上的改變多少起了點作用，或許部分是因為João能夠自己做銷售，他能和過去他父親從不考慮來往的客戶打交道。2007年，他開始做出口，但銷售量還是差強人意，他說：「那時沒人想買我的酒。」他表示到現在酒窖裡都還留有1997年分珍拿（Jaen）的庫存。

龐克不死

João起初接觸到自然酒的概念時就很有共鳴。他說：「我爺爺就是這麼釀酒的。他在合適的時間採收葡萄，在酒窖時也不多做干預。」他的第一批實驗性質的自然酒就是後來的Rufia，在葡萄牙文的意思是「小流氓」，酒瓶上貼著玩世不恭的酒標。2014年甫釋出2012的年份旋即售罄。帶有挑釁意味的酒標由澳洲出生、巴西長大的漫畫家Marguerita Bornstein[34]所設計，成為這款酒包裝上最重要的一部分。

「我的想法就是要回歸傳統，」他解釋，「讓酒精度降低、酒體更輕盈，但仍是認真的葡萄酒。」雖然Rufia起初類似一種副牌，但現在儼然成為João的主力產品，並為他開啟了國際市場。我們在品嚐他最新年份的橘酒（curtimenta）時，他笑著說：「我釀橘酒是因為他們很潮啊！」

沒有任何取巧的手段，他的橘酒銷售蒸蒸日上。至於Rufia系列，João表示光是給經銷商的預配額就完售了。以各方面來說，這樣的風格和釀酒方式只是回歸到João原本的傳統製法。如今風潮兜了一大圈回到了原樣，而這次世界終於趕上。

---

34 他的作品經常刊登於《紐約客》與《時代雜誌》。

João雖然成功，但和父親的關係還是相當糾結。法律上，João和他妻子並沒有葡萄園和住宅的正式所有權，一切仍歸屬於João的父親，夫妻倆在現實中是佔地者。

另外，土地的問題也不只如此。2010年，他的葡萄園有一大半感染埃斯卡病（esca），那是一種由真菌所引起的葡萄藤病害，它會摧毀成熟葡萄藤的主幹，具有潛在的巨大殺傷力。一旦病害在葡萄園傳播開來，幾乎是回天乏術。João不得不採取非常手段，他將整整13公頃的葡萄藤通通拔除，其中包含那些超過60歲的老藤，一切從零開始。

如今，João逐漸採行免耕（no-till）栽培，這是由日本農學家福岡正信（Masanobu Fukuoka）在1975年的著作《一根稻草的革命》（The One-Straw Revolution）中所提倡的「永續農法」（permaculture，又翻譯為「樸門農法」），對後世影響深遠。João希望藉由打造出自然和諧、健康的生態系，來防範埃斯卡病害重創葡萄園。另外，為了緩和家庭問題，他收購了家族葡萄園隔壁的一塊地來種植自己的葡萄藤。當我們走到新的葡萄園，經過了一根壯觀的花岡岩轉角柱。他笑說：「這是杜奧的羅曼尼-康地（Romanée-Conti）。」

雖然Quinta da Boavista的情況複雜，但它的魅力顯而易見。這裡有典型的杜奧地景，農耕地的周圍是森林與連綿起伏的山陵。João和Luisa住的房子小巧簡樸。而另外一座歷史悠久的花崗岩建築和庭院，之前作為度假住所出租，但由於他與父親在使用上的意見分歧，目前正閒置著。

在晴朗的早晨，酒莊大門外下方的山丘像是覆蓋上了一層霜而閃閃發亮。雖然我們二月來訪時是寒冷的天候，但這珠光璀璨的外觀不是霜雪，而是土壤裡石英沉積物的採光所致。João望著天空，斷言那天傍晚的日落會是絕美誘人的深紅色，他還真說對了。這裡的確是風光明媚（boa vista）！

雖然João選擇的居所遠離塵囂，但他生性一點也不孤僻。他為了杜奧區與同業的推廣不遺餘力。自1999年開始他和老朋友João Roseira一同主辦品飲會，最終促成關鍵的Simplesmente Vinho酒展誕生。他也因此結識了一位急需幫助的年輕法國釀酒師，這位法國釀酒師在2017年成為杜奧區的永久居民。

老藤低語者

如果你和我們一樣，是在2014年的酒展上初見António Maderia，會認為他是個陰晴不定的人也是情有可原。當時Madeira不苟言笑、神情陰鬱地站在他攤位的試飲桌旁，桌上只擺著兩瓶他的處女作也是他唯一的酒款，但那是極為優雅、令人驚豔的2011年杜奧紅酒。

Madeira承認當時他是在崩潰邊緣。

儘管Madeira從小在巴黎長大，但從姓氏就能看出他與葡萄牙的淵源。Madeira的父母親來自杜奧的中心埃斯特雷拉區。他們和葡萄牙的許多家庭一樣，在薩拉查執政時期離開家鄉流散到法國，也因此法國是目前全歐洲最多葡萄牙移民人口的國家，根據法國1999年的人口普查，約莫有170萬人是葡萄牙移民。

在新國家政體之下，國家貧困，發展建設不全和機會匱乏造成大量的人口外移。而葡萄牙與法國在整個二十世紀的關係甚密，這點從法文成為許多葡萄牙學校教授的第二語言可見一斑。

Madeira和父母親每年夏天會返鄉度假，他深愛葡萄牙的鄉村生活，與巴黎截然不同。2004年，他在祖父母待的聖馬蒂紐小鎮（São Martinho）邂逅了Marina Almeida（後來的未婚妻）。

那時，葡萄酒還沒進入Madeira的生活。他記得父親在晚餐時總會喝上一杯，但永遠是超市廉價的廣域隆河酒，那味道讓Madeira作嘔。一直要到他取得工程學位，進入公司的物流部門後，他才開始對葡萄酒開竅。

Madeira回憶說：「我的同事們很富有，當中有些人創了葡萄酒社。我開始有機會喝到一些很棒的東西而愛上了葡萄酒。」也只有在巴黎這樣的大城市，他能探索到侏羅的自然酒和頂級布根地黑皮諾。

當時25歲的Madeira才恍然大悟原來葡萄酒也是葡萄牙文化很重要的一部分。他開始參閱書籍，並找到了網路上的葡萄牙酒論壇，在線上與許多葡萄牙的釀酒師聊天。也就是這個論壇讓他結識了João Tavares de Pina和João Roseira，以及另外一名年輕的葡萄牙釀酒師Rita Ferreira Marques。

Madeira回想，「我逐漸了解到我所深愛的故鄉，曾是非常重要的葡萄酒產區，但它正走向衰敗。我在想或許我能做些什麼來改善這產區。」Madeira對於杜奧消逝的名氣愈來愈在意，深感它即將凋零。最後在2010年，他決定付諸行動。他說：「我沒有酒窖，什麼也沒有，有的只是想法。」而他這輩子都還沒釀過酒。

於是Madeira結識了Luís Lopes，他在當地著名的先鋒釀酒師Álvaro Castro所屬的Quinta da Pellada酒莊擔任顧問釀酒師。Quinta da Pellada離聖馬蒂紐只有幾分鐘的車程，因此Madeira常跑來學習觀摩。

Madeira租了一塊荒廢的葡萄園，2011年是他釀的第一個年份。Castro同意他將採收的葡萄帶到Quinta da Pellada進行發酵，加上Lopes在一旁指導釀酒。Madeira或許沒什麼實作經驗，但他的巴黎品飲經驗在他腦中繪成一幅藍圖。他想要盡量少用現代科技或是人工干預的方式，釀出純淨、自然的葡萄酒。

在此同時，他把祖父老房子的地下車庫改成臨時酒窖，裡面堆滿了不銹鋼槽和老橡木桶。為了尋找能租用或是工作的葡萄園，他跑遍整個山裡的村子，搜尋廢棄或是半廢棄的葡萄園，在四處拜訪的過程中，他會詢問葡萄園的擁有者，是否願意出租或是讓他承接他們的工作。偶爾他會聽到一些傷感的故事，像是剛失去先生的寡婦，或是那些已經沒有體力再照料葡萄園的老人。

有些珍貴的老葡萄園仍是靠年長者照護，但他們在栽種上常使用大量的農藥，採收的葡萄再送到當地的釀酒合作社換取微薄的收入。葡萄藤愈老，產量愈低。由於釀酒合作社以量計價，不重品質，因此照護老葡萄藤的前景並不看好，不但要花的精力更多，且收入更加微薄。

誠如Madeira所說，釀酒合作社造成的扭曲之處不僅如此，他們以高價收購規定的單一品種葡萄，而來自混種園的只能拿到一半的價錢。然而長期以來，杜奧本就有將不同葡萄品種栽種在混種園的傳統。來自混種園的酒，往往最能表現出杜奧獨特的個性。Madeira堅信以同園混釀的方式，葡萄酒自然會達到均衡與和諧。

釀酒合作社高價收購單一品種，導致人們把許多老的葡萄園拔除，改種國產杜麗佳或是更糟的羅莉紅（Tinta Roriz），羅莉紅等同於西班牙的田帕尼優（Tempranillo），如今在葡萄牙四處都有栽種。Madeira大喊：「這根本狗屁不通！」顯然他對於這個外來的西班牙品種不但興趣缺缺，且認為葡萄牙的氣候其實並不適合羅莉紅，相較於杜奧的原生品種，它的新鮮度或酸度都略遜一籌。

Madeira遭受到的反彈也不少，杜奧的當地人不信任一個法國人會妥善照料他們珍貴的葡萄園，儘管這個法國人有直系的葡萄牙血統並精通葡法雙語。

有時難以想像的事情還是發生了。當地人為了換取歐盟的經費，葡萄園常遭拔除或被剷平來蓋房。但杜奧既不是個富有的地區，也不是主要的觀光重鎮，因此許多景點最後只是任其荒廢自生自滅。

Madeira所拯救的某些地塊非比尋常。它們隱身在綿延的山丘中，坐落於突出的花崗岩上方，除非你知道前往的小徑，否則大多看不到這些葡萄園。有些葡萄園土壤因細碎的花崗岩與石英組成而爍白如沙，看起來就彷彿是葡萄藤生長在沙灘上。Madeira所稱的Vigna da serra是他引以為豪的葡萄園，那是一個約半公頃的小地塊，園裡只有幾排乾枯、平均125年的老藤。先前由於疏於修整，葡萄藤扭曲彎折成奇特的角度。它們的主幹粗如混泥土柱，有時候下方必須有石塊墊著，以防枝幹在地上腐爛。不要說是Madeira，連前來的專家也無法鑑識園裡的所有品種。在這片粗糙的花崗岩土地上，至少存有30種不同的葡萄品種，而且這些老藤都還保有原本的根[35]。

Madeira笑說：「這是個博物館。」差別是這座葡萄園仍是生氣勃勃。Madeira利用當地租借的馬匹輕柔犁土，並種植蠶豆讓土壤恢復氮平衡，葡萄園在他細心照護下逐漸重生。Madeira把從這座葡萄園採收釀造的葡萄酒稱為Centenaria（葡萄牙文意指「百年」）。他解釋道：「這裡就像是個特級園。」這款酒濃郁集中，帶有馥郁的黑色水果香氣，展現出年輕葡萄藤所沒有的深度風味。

---

35 新藤通常幾乎都會嫁接於美國砧木，以抵抗葡萄牙根瘤菌。

Madeira說：「一開始是我要尋找葡萄園和人們，後來變成人們來找我。」如今他成了大家口中的狂人，會從那些超過90歲或是不再想耕作的人接下他們的葡萄園。

從嗜好變專業

葡萄園的工作原本只是Madeira的假日嗜好，但到了2014年他已經在六個不同的村莊累積了26座小型的葡萄園。他每個周末都在杜奧度過，再回到法國上班，同時他還著手打造自己的酒莊。

壓力隨即排山倒海而來。Madeira在巴黎有妻兒要顧，更別說他還有工程師的工作，他在杜奧需要照顧的老葡萄園也愈來愈多。他說：「當時的我真的是累翻了，完全沒有時間休息。」

然而葡萄酒已經變成Madeira的人生，他也想以此為生，終於在2017年，他說服了妻子舉家搬到聖馬蒂紐。他們暫時住在祖父母的老房子，最棒的是，Madeira現在有妻子在一旁協助葡萄園的工作。只是她不久後又懷上了第三胎。

在杜奧一切安頓好後，Madeira開始增加產能。但他祖父母的車庫已成了物流的夢魘，收成期間，連車道上都堆滿了木桶與發酵槽，Madeira迫切需要更多空間。他靠著歐盟的補助完成了新酒莊，正巧趕上釀製2018年份的酒款。新酒莊離村莊僅有幾公里之遙，是一座現代又實用的建築，這點反映了Madeira務實的工程背景，他把神秘與浪漫全都留給了葡萄園。

Madeira並未全然被當地人接受，他與杜奧規範認證葡萄酒的機構Comissão Vitivinícola Regional (CVR) do Dão還有些衝突。在他工作的前幾年，他會在部落格上記錄大大小小的事情，主要以葡萄牙文撰寫，偶爾穿插英文和法文[36]。回想當時，他認為自己或許太過天真。「起初我以為

---

[36] 詳見vinhotibicadas.blogspot.com。

什麼都能說，完全公開透明。後來我才明白，我所分享的事情會被人拿來反過來攻擊我。」Madeira被批評的事情不勝枚舉，包括他在葡萄園中所選擇的覆土作物，在老葡萄園中使用馬匹犁田的決定等等。如今部落格雖不常更新，但他對於發布的內容卻更加謹慎。

Madeira從一開始的目標就是要將焦點帶回杜奧，幫助此地恢復昔日葡萄酒產區的光榮。這點從他的酒標上就看得出來，杜奧的字樣比他自己的名字更加顯目。Madeira還在他所有酒款的軟木塞上印上杜奧，他說這也算額外小小的推廣。但他的好意卻在2019年遭受挫折。

他那2018年份葡萄所釀製的粉紅酒，未添加二氧化硫、無過濾，可口無比。儘管沒有二氧化硫，一樣有著純粹的果香與集中的口感。但是CVR反對任何稍有混濁的酒液，拒絕授予DOC的認證，這也意味著他的酒標上不能標有任何有關杜奧的字樣。

一名檢查人員到了Madeira的酒莊，發現一批已經完成裝瓶未貼標的葡萄酒。檢查員發現軟木塞上仍印有杜奧的字樣，因此堅持他將所有1000瓶的酒重新換成未標示產區的酒塞，這項作業不但耗費心力，更冒著在換塞過程中跑入太多氧氣而毀於一旦的風險。Madeira面對官僚的迂腐，展現了他作為巴黎人的怨氣，而不是像葡萄牙人摸摸鼻子認了。他的憤怒也確實不無道理。

Madeira承認他不時會嘲諷一些大酒廠。他把來自最古老單一葡萄園的酒款命名為Palheira，在葡萄牙文大致可翻為「稻草屋」或是用來放工具的「儲具間」。Madeira說：「很多酒標都很浮誇，用Palazzio（宮殿）或是Château（城堡）來命名，因此我要用在陸地上最常見的簡單建築來命名我最好的酒款。」

近來，當Madeira參加波爾圖（或其他地方）的某些酒展時，他的接待桌很快就被年輕侍酒師和葡萄酒進口商團團圍住，他們迫不急待地想嚐到他的最新年份，盼望能分到他稀少的產量。而相比於2014年，Madeira的笑容確實稍稍變多了。

杜奧大使

Madeira總說要不是Álvaro Castro的協助與支援，他絕對會一無所成。Castro的酒莊Quinta da Pellada位於皮年索斯（Pinhanços）村莊，離Madeira的酒莊只有十分鐘的車程。

包括葡萄牙酒記者Rui Falcão在內，許多人都稱Castro為杜奧大使。他和Madeira會成為朋友也不令人意外，一來他們的目標一致，都想復興杜奧產區，二來他們視老葡萄園為寶，因為古園能提供大量的植物原料和罕見的葡萄品種。

Castro受過土木工程訓練，他在1980年繼承Quinta da Pellada後便從里斯本搬到酒莊，起初他只想待在那幾個月觀察情況後再說，沒想到他一頭栽進了葡萄種植和釀酒的世界而持續至今。1989年，法規鬆綁，獨立生產者也能自行裝瓶，Castro終於能在市場上銷售自己的酒，而在鄰近的另一個自家酒莊Quinta da Saes進行裝瓶。

Castro的個性沉默低調，但有強烈的好奇心。我們隨著他穿越迷宮般的酒窖，像是被瘋狂科學家帶路，每個轉角，似乎都會看到裝著不同混釀、品種或其他實驗性的酒桶。

自2001年，Castro有了他女兒Maria的協助，同樣身為釀酒師的她採取更加簡樸、減少人工介入的釀酒方式。Maria和他先生周末住在里斯本，但週間幾乎都在Quinta da Pellada生活工作。

Castro修繕過現今所住的酒莊房屋，屋如其主，低調卻蘊含古典美，儘管配備水電等現代化的方便設施，還是令人聯想到幾百年前葡萄牙的鄉村生活。

Castro與昔日友人Dirk Niepoort合作多年，一同釀造混有斗羅和杜奧產區葡萄的紅酒稱為Doda。2013年則為他們合作的最後一個年份。

如今Castro的家族不僅擁有Quinta da Pellada（葡萄園位置海拔較高，主要生產高階葡萄酒），以及Quinta de Saes（一般來說拿來釀造較為入門款的品項），並從Quinta de Passarela收購葡萄園，用來釀造他們的紅酒Pape。

Castro同他女兒負責照顧的葡萄園面積共60公頃，年產量平均高達20至30幾萬瓶，是該產區最大的菁英酒莊。他們極度重視葡萄園，完全採有機種植[37]。他們靠羊群來控制冬天的草皮過於旺盛，動物也能為葡萄園提供肥料。

Quinta da Pellada中相對較大的葡萄園約有4到5公頃，這在杜奧並不常見。Castro有些珍貴的老藤甚至超過100年，其採集的葡萄用來釀造一款限量的Muleta，葡萄牙文的意思是「拐杖」，代表支撐老葡萄藤的棍棒或石頭。

有幸嚐到Muleta的人，就能明白為何這些老藤如此珍貴。它的葡萄品種主要是珍拿和巴加（Baga），具有無比濃郁和純粹的莓果味。雖說是香氣馥郁，但酒體鮮活而有節制。這樣年紀的老藤不需要大聲張揚，它豐富的內涵不言自明。

Castro和António Madeira有志一同，他們重視杜奧區歷史悠久的葡萄園，而非一味顧著增加產量和利潤。德不孤，必有鄰，再往杜奧東邊過去還有一對釀酒夫婦也有相同的想法。

浴火待重生

2017年10月15日是António Lopes Ribeiro和Sara Dionísio永難忘懷的日子。這對夫婦以酒莊Casa de Mouraz聞名國際，他們當時正在位於杜奧東邊邊境通德拉小鎮（Tondela）的家中熟睡。

某日深夜他們家中電話鈴響，一名鄰居傳來噩耗：

---

[37] Alvaro和Maria雖然已經施行有機種植20年，但酒瓶上並無有機標示。

Sara Dionísio 和她的狗*Bolinha*

「你們的倉庫失火了！」他們的酒莊位於莫拉茨（Mouraz）村莊，離家約七分鐘的車程，裝瓶好的酒就放在位於離酒莊幾公里外的租借倉庫中。當晚熊熊森林大火從北方的加利西亞（Galicia）延燒到杜奧，颶風奧菲莉亞（Ophelia）速度高達每小時100公里，加劇火勢蔓延。

夜空佈滿火球，溫度攀升到攝氏30度，António飛車前往倉庫搶救。但到了現場，映入眼簾的情況極為慘烈，倉庫建築物已面目全非，這對夫婦後來以「難以計量」來描述那報銷的六萬瓶酒。

他們失去的不只是倉庫。António和Sara的農耕器具，以及超過20公畝的葡萄園也付之一炬。有些葡萄園存活了下來，留下部分燒焦的葡萄枝幹，其他葡萄園則徹底燒毀。燒掉的其中一個葡萄園就是在通德拉小鎮的Botulho，它是一座有超過百年的老藤並參雜30%白葡萄品種的特殊混種園。來自這座葡萄園的酒款Bot最後一個年份為2017年。2019年我們在酒莊嚐到這款酒的體驗可以說是百感交集。它的胡椒、草本果實氣息極其迷人，奇異、輕盈，口感卻又嚴肅、結構扎實[38]。

災後，António等了數個禮拜才有勇氣回到葡萄園。Sara表示：「就像是他身體的一部分也被燒掉了。那些葡萄園從他小時候就存在了，是他生命的一部分。」這對夫妻在2017年拍了一支短片發起線上集資，片中他們坐在焦黑的葡萄藤中，反映出嚴重的災情，而心痛的António顯然備受衝擊，讓人看了不禁鼻酸。

燒掉的不只是葡萄藤，António出生的小屋也難逃一劫。那曾是他父親的酒窖，底下還有一座釀酒石槽，那時António的父親和其他農民一樣，會把大部分採收的葡萄出售給通德拉的釀酒合作社，但自己也多少釀造一點酒在當地販售。兩夫妻的酒莊就在這小屋的正對面，在大火之前，他們正進行修復，準備長久入住，因此當時還住在通德拉小鎮，可謂是不幸中的大幸。

---

[38] Simon在品酒筆記本裡註記：「這真是最後一個年份？真是太遺憾了。」

António那一輩大多會受到家中鼓勵上大學，父母並不希望兒女從事農業。他在里斯本大學研修法律，但仍對故土和釀酒有所依戀。到底該等到退休再釀酒，或是現在就馬上行動，這兩種可能他都想過。

躊躇之際，António在里斯本的一家藝術雜誌工作。1980年，出版社正在進行一項特別企劃，他們計畫出版葡萄牙現代舞的十周年紀念專刊。因為這本書，António認識了年輕的Sara Dionísio，她留著一頭烏黑的捲髮，個性熱情奔放。Sara念的是社會學，但後來進入現代舞領域成為一名舞者兼老師。20年後，她放棄了這一切與António雙宿雙飛，到了杜奧展現她另一種創意長才。

80至90年代之間，António週末都會回到杜奧，回家後總看到父親在葡萄園噴灑化學殺蟲劑，雖然他強烈反對，但有如Sara解釋的，「若是你讓葡萄藤間雜草叢生，那時候的人會認為你一定是個懶惰鬼。」如今生態環境的意識崛起，實行有機和生物動力法的農人了解到葡萄藤更需要的是生物多樣性以及適當的植物競爭。

António在1990年代已經擁有大多家族葡萄園的掌控權，卻也費了不少心力才說服父親將葡萄園改成有機種植。由於老Ribeiro當時還在供應葡萄給釀酒合作社，如果改成有機種植，意味著一開始的產量會銳減，收入也會跟著縮水。終究在António的堅持之下，莫拉茨的葡萄園於1996年拿到了有機認證，但這不代表釀酒合作社會加價收購這些有機葡萄，葡萄的價格維持不變。

2001年，António和Sara搬到莫拉茨永久定居，陸續收購一些小型的葡萄園，有些園甚至有50種葡萄品種並排生長。他們以樸實、極簡的釀酒方式吸引了一些信眾，老葡萄園的個性和複雜風格在他們的酒中展露無遺，Sara表示：「古時候的做法實在太聰明了！他們等於是在葡萄園中就進行混調。」在種植方面，他們也施行生物動力法的準則：減少葡萄園中銅與二氧化硫的用量，並使用生物動力法的配方和草本茶來預防病害，以增進葡萄藤整體的健康。

除了杜奧之外，António也接觸到斗羅區和綠酒區的生產者，共同合作釀酒以António Lopes Ribeiro之名裝瓶。當2017年的森林大火幾乎斷了這對夫妻的生計，是斗羅和綠酒區的合作計畫拯救了他們的酒莊。António也曾與阿連特茹（Alentejo）短暫地合作過，但後來並沒持續。

Sara為此解釋道：「阿連特茹的風格和我們截然不同。我們來自北方，喜歡新鮮、酸度多一點的葡萄酒。」

António給人的印象十分溫和，Sara說他生性害羞，有鑑於此，他們漸漸發展成分工的模式，妻子負責出差參加酒展、舉辦品酒會、接待酒莊的外賓。若你有機會碰上António難得主持的品酒會，保證會是很特別的經驗，你能感受到他的笑容彷彿能照亮整個房間。另一方面，Sara時常會到世界各國參加酒展，她看到逐漸蓬勃的自然酒市場，接觸到的法國、奧地利等國的生產者讓她備受啟發。因此他常會鼓勵António大膽嘗試更多實驗性質的東西，跳脫他平時釀酒的窠臼。

儘管2017年遭受了無妄之災，這對夫妻也在同年以Planet Mouraz系列開創了全新章節。為品項取名的Sara充分發揮了她的創造力，採用「零干預」（zero-zero）釀酒概念，不但避開像是精選酵母的添加物，也從未使用過酵素，更不澄清或添加二氧化硫。

Planet Mouraz一共有三款酒，他們以家中的寵物作為每一款的酒標。Sara露出頑皮的微笑表示她的狗Bolinha、貓咪Nina、山羊Chibu全都是釀酒師。我們很好奇問了那可愛的瑪爾濟斯Bolinha是怎麼釀出這款酒的，Sara故意回答說Bolinha很懶，所以牠什麼都沒做，也就是說完全不介入！

相較於Mouraz的其他酒款，Planet的系列味道偏奇特、狂野，大膽的酒標設計顯然也能吸引自然酒迷的目光。最重要的是，他們保持了在地性，彰顯杜奧的特色。譬如說，紅白混釀的Nina是一款可以被當作歡樂暢飲的酒，它平易近人、輕盈、毫無負擔，但仍保有杜奧葡萄酒典型的單寧、酸度和草本調性。

酒莊*Casa de Mouraz*葡萄園裡被燒焦的葡萄藤

人與土地的連結

我們在2019年2月駕車橫越杜奧產區，2017年6月和10月那兩次森林大火所留下的痕跡仍清晰可見。山坡與河谷盡是一片光禿焦黑，山腳下圍繞著燒焦的樹木和草叢。景觀呈現一片棕黑，幾乎沒有一絲綠意。

Casa de Mouraz的傷疤也仍歷歷在目。葡萄藤乍看健康，但有一半的主幹和枝幹仍有一塊塊焦炭的部分。難說還要多久時間這些燒傷才會恢復，更難說這會對葡萄藤造成什麼長期的影響。António和Sara對於傷勢較小的葡萄藤較為樂觀，但嚴重毀損的葡萄藤則希望渺茫。

對Sara來說，這場災難凸顯了善待土地的必要性。她感嘆杜奧幾乎沒有林業管理。針對森林大火，她表示：「鄉村的情況若不再改善，加上氣候變遷，夏天愈來愈炎熱，這些環境條件下，同樣的災難會不斷發生，歷史很快會再重演。」

António和Sara對這塊土地有濃厚的情感，因此這場大火造成的痛苦遠超過財務上的壓力。你能從Sara的語氣中聽到一種無力感和宿命，一旦再發生這樣的災難，對他們而言就像是看著親人久病臥床而束手無策。

然而在這片杜奧景觀中還另暗藏兇機。Sara邊聊邊開車載我們前往燒毀更嚴重的葡萄園。卡車沿著崎嶇的土路，穿過種滿尤加利樹的灌木叢林。Sara回想20年前第一次來到此地，不免觸景傷情：「以前這裡很美，有好多不同的樹種，像是栗樹、松樹等，我們把這裡稱作森林天堂。但現在幾乎全都是尤加利樹（Eucalyptus globulus），看到現在的景象我只想哭。」

尤加利又稱為南半球的藍膠，是澳洲的原生樹種。19世紀被引進葡萄牙種植來預防土壤流失。由於它能打漿造紙而廣受歡迎。但問題是能自行播種的尤加利樹侵略性高，逐漸占滿荒廢的鄉村地區，如今在杜奧四處可見。更糟的是，當大火燒光了林地，尤加利樹復原的速度要比其他少見的原生樹種快上許多。

根據林業工程師暨研究員Vera Serrão的研究，尤加利樹是乾燥易燃的樹材，它們在2011年已佔據了全國20%的林地，在杜奧則無所不在，未來恐怕更容易引發災難性的大火。

Sara心想只要有錢，就把杜奧的這些地都買下來，除掉這些尤加利樹。這不是空想，她和António已經付諸行動，在經濟能力許可下的所及範圍內拔除掉了尤加利樹，重新種植原生樹種。Sara強調生物多樣化的重要性，他們的葡萄園也混種有樹木與灌木。

鄉村淨土遭到森林大火和尤加利樹的摧殘，這對政府或人民都是一記深刻警惕，一旦土地缺乏關心照護就會釀成悲劇。雪上加霜的是，杜奧已是葡萄牙人口最稀少的地區之一，加上人口流失的趨勢仍在，像是莫拉茨這種偏僻的小村莊甚至連一般的咖啡廳和商店都沒有。

埃斯特雷拉山脈方圓1000公里被指定為國家自然公園和保育區，受到官方的庇護；相較之下，山腳下偏遠的葡萄酒產區，則全然仰賴本章提及的那一群熱情、專注的人才得以倖存。他們用良心耕種傳統農作物、照護葡萄藤，不只成就了人們的杯中佳釀，或許也能阻止鄉村付之一炬的命運。

第五章

巴加葡萄
Baga

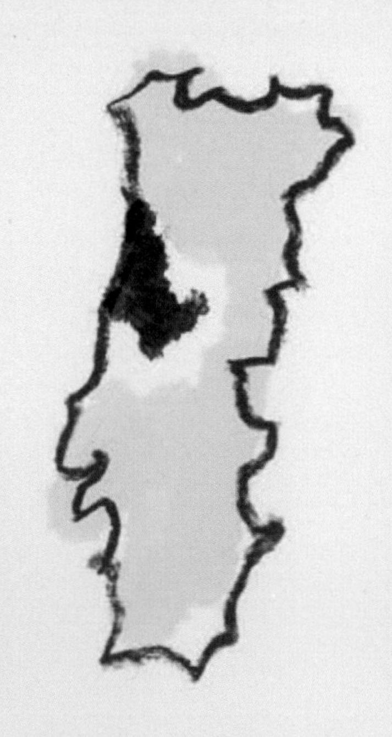

1962年，當Dinis Patrão決定要擴展自己的事業，殊不知此舉將永遠改變他的家鄉百拉達（Bairrada）。

Patrão投資三萬歐元[39]進口了葡萄牙第一批大量的合成除草劑——巴拉刈（Paraquat），在葡萄牙普遍以商品名克羅莫酮（Gramoxone）為人熟知。他的公司繼而成為百拉達區最大的化學農藥供應商，營運倉庫在普提納村（Poutena），離「氣泡首都」阿納迪亞鎮（Anadia）約20分鐘的車程。

克羅莫酮和其他以草甘膦為基底的化學農藥在葡萄牙的起步較晚，Patrão回想起約莫在1970年代為推動有著荒謬名稱的「綠色革命」（Green Revolution），除蟲劑、殺真菌劑、除草劑等合成農藥的需求遽增。成千上萬的百拉達酒農和農民都積極改用這種除草劑，Patrão記得當時許多人朝著草皮或雜草上猛撒化學農藥。克羅莫酮的毒性極高，只要人體攝入微量，就會導致心臟病、腎臟、肝臟衰竭以及肺部纖維化[40]。如今在美國，使用巴拉刈需要持有商業執照，但在1960年代的葡萄牙並無任何相關規範。Patrão聳肩表示：「供應商為了銷量，會將建議用量拉到最高，當然買的人為了效果則會變本加厲地使用。」

---

39 以當時的葡萄牙幣（escudo）換算出來的金額。以今天的幣值計算，大約是20幾萬歐元。

40 根據美國疾病控制和預防中心（CDC）的資料。

到了2000年代，Patrão退休前農藥生意一直都相當興隆，無奈許多人的使用不當，農藥空罐甚至直接丟棄在河道旁而造成嚴重的環境汙染。Patrão發現家族葡萄園旁的河流少了許多鰻魚和蠑螈，田野的瓢蟲也消失地無影無蹤，徒留下來的是單調、貧瘠的地景。

然而百拉達的工業化汙染並非新鮮事。作為葡萄牙中部大區（Região do Centro），百拉達是葡萄牙重要的製造業中心，生產範疇廣泛，從汽車、電子產品到紙類都有。百拉達的名字源自於葡萄牙文的barro，意指「黏土」，它不僅是人們踩在腳下的土壤，也孕育了其上的陶土工廠與各種商業活動。

百拉達位於狹長的大西洋沿海線正中央，擁有鄰近杜奧區所欠缺的重要幹道、鐵路、海上運輸連結，若從市中心孔布拉（Coimbra）和阿威羅（Aveiro）出發，便能輕易通往里斯本（Lisbon）或波爾圖（Porto）。相對於層巒疊嶂、交通不便的杜奧（Dão），百拉達的地形更為平坦，乍聽之下，這裡似乎沒什麼亮眼之處，對照其他鄰近產區也顯得平凡無奇，連主要沿海城鎮蓋拉達福斯（Figueira da Foz）裡矗立的混泥土高樓大廈、過度開發的海岸線都令人覺得礙眼。

泡泡與巴加

1756年，龐貝爾侯爵下令將百拉達區內的葡萄藤全數砍除，雖然這條法令僅維持數十年，卻重創百拉達的葡萄酒產業，對於百拉達的地主更留下了精神上抹滅不去的傷痕。葡萄酒作家Richard Mayson表示：「沒人忘得了龐貝爾侯爵的伎倆，以致於當地農民對掌權者都還心懷怨懟。」

事過境遷，龐貝爾侯爵曾欲抹煞的百拉達葡萄園也已恢復，然而它們的位置隱密，人跡罕至，還得要有內行人帶路，再穿荒烟蔓草的路徑才有辦法抵達。就這點而言，百拉達可以說像是把杜奧壓平的版本。

百拉達屬海洋型氣候，要種植葡萄並不容易，涼爽潮濕的環境是黴菌的溫床，這也是為什麼合成殺真菌劑在1970年代引進百拉達後能迅速普及的原因。除了不利的天候因素，百拉達自古對於巴加葡萄（Baga）情有獨鍾，它的皮薄、容易感染灰色葡萄孢菌（Botrytis cinerea），這種真菌在法國索甸（Sauternes）或匈牙利托凱（Tokaj）的葡萄園出現時，美其名為貴腐菌，但百拉達農民可是避之唯恐不及。

雖然百拉達長達一世紀以來大多以種植巴加為主，但根據葡萄種植博士Rolando Faustino所指出，它並不是當地的原生品種，而更有可能源自於杜奧區，但要證明巴加的發源地仍是一大難題，畢竟百拉達和杜奧常被合併在一起稱為貝拉省（Beiras）。此外，儘管在杜奧的古園中常見到巴加，它仍被杜奧地區種植委員會（CVR Dão）從當地的法定品種中剔除。

巴加是個棘手的品種。它的產量高，要透過細心的剪枝、疏果來抑制生長過旺，才能產出質優於量的葡萄。加上它酸度高、單寧強勁的特色，因此百拉達上等的巴加紅酒，向來得窖藏多年才會適飲。

話雖如此，巴加若是遇到內行的釀酒師就能一鳴驚人。它的酒體結構和陳年潛力可媲美義大利巴羅洛的內比優柔（Nebbiolo），或是西西里艾特拿火山的馬斯卡斯奈萊洛（Nerello Mascalese），具有鮮活、酸莓果、煙燻、草本的滋味（根據百拉達釀酒師Filipa Pato的說法，草本風味來自當地的鈣質土壤）。要喝懂百拉達紅酒並不容易，也或許如此百拉達反倒發展出更可親的氣泡。1890年，百拉達的葡萄栽培實踐學校（Escola Prática de Viticultura da Bairrada）生產了首批傳統法的氣泡酒。根據Filipa Pato所言，在19與20世紀之交，百拉達流行過種植釀製香檳的葡萄品種[41]，然而據傳這些品種總有過熟的問題，釀出來的成品也不如法國香檳優雅。因此百拉達氣泡如今大多用的是當地的白葡萄品種，像是愛玲朵（Arinto）、碧卡（Bical）、賽希爾（Cerceal）或瑪利亞戈麥斯（Maria Gomes）。巴加也會被用來釀造成黑中白氣泡，它的高酸度在此倒成了優點。而這些道地的葡萄牙氣泡，搭配百拉達的特色美饌烤乳豬可謂是天作之合。

---

[41] 在百拉達，主要是夏多內和黑皮諾。

位於阿納迪亞市的釀酒學校催生了葡萄牙的氣泡酒發展，該市因此成為氣泡重鎮。1970年代初期，以粉紅氣泡Mateus Rosé一炮而紅的Sogrape集團也選擇到阿納迪亞市設廠擴大產量，從此奠定了阿納迪亞量產葡萄酒的名聲。當時百拉達也有一些中庸的釀酒合作社和零星的大酒廠，專門生產輸出到非洲殖民地的廉價瓶裝酒。如此一來，這裡看似沒有優質葡萄酒的發展空間。

由於龐貝爾侯爵的鐵令、葡萄根瘤芽等種種問題，百拉達先前一直未被列入法規的葡萄酒產區，直到1979年，它被歸為貝拉內部（Beira Interior）法定產區，但仍未有自己的DOC，再再突顯了百拉達一直是被低估的產區。直到1980年，百拉達終於成為正式的法定產區，隔年一位關鍵的釀酒師橫空出世，成為復興巴加品種的重要推手。

豬與鴨

任何一個有接觸過葡萄牙酒的人，一提到百拉達，第一個會說出的名字八九不離十就是Luís Pato。要說Luís是現代派也好，特立獨行或是具有先驅精神也罷，無論大眾怎麼想，他的鴨子酒標（Pato在葡文中意為「鴨子」），徹底改變了葡萄酒世界對於百拉達產區與巴加的印象。

Luís生長在戰後物資缺乏的農家，父親João Pato是個性格嚴肅、務實的人，他釀的酒主要賣給裝瓶酒廠作為氣泡酒的原料。然而，他在1970年代開始裝瓶自家的巴加紅酒，在當時也算是先驅。Luís念的是化學工程，他亟欲把所學的科學知識運用在釀酒方面，然而他和João的父子關係向來沒讓他有多話的餘地。

João就算沒受過像他兒子一樣的教育，但誰也別想質疑他的農耕或是釀酒方法。

最終Luís還是找到了試驗的機會，他自70年代初期於海軍服完役後，便在岳母家族的陶器工廠中擔任管理職位。早年守寡的岳母也擁有葡萄園和酒窖。

1980年，當不知情的João Pato還以為他兒子正安份地坐在辦公室工作，Luís釀造了他的第一批酒。

關於這批1980年的酒可以說是異乎尋常。在適當的採收期之時，Luís的岳母因找不到工人而延遲到了十月底才採收，這時有些葡萄已經過熟並沾上了貴腐菌，可以釀到酒精度高達驚人的16%。Luís回憶起在當時沒有人會接受酒精度超過12%的葡萄酒，因此他必須透過極端的方法來沖淡葡萄漿（must），但即便如此刻意的干預下，這款酒陳年後還是相當曼妙。

Luís學習力強，他常掛在嘴邊的就是，「我想盡可能把所有東西都做到最好！」此後，每年他都不曾停止釀酒。1984年，他帶了他第一個年份的巴加紅酒前往倫敦的專業試飲會，舉辦地點就在一間能俯瞰海德公園的飯店。他萬萬沒想到，他的紅酒最後竟博得滿堂彩，在場的許多人聲稱勝過其他名氣響亮的大酒莊。

不久，Luís辭去了陶器工廠的工作，轉職成為學校的物理化學教師。1986年，他的父親驟逝，Luís似乎能預見他在葡萄酒業的前景，但回想起那年的採收情況慘淡，不只多雨的天氣讓葡萄失去風味，全家也都籠罩在父親過世的陰鬱中。

無論如何，Luís終於有機會進行革新。他重新種植了葡萄園，在偏砂質土壤中增加白葡萄品種，把巴加移植到偏黏土的地塊，更能抵抗貴腐菌。回想與父親在1981年唯一一次合作釀造的氣泡酒，他問當地的釀酒師要加多少酵母才能啟動瓶中二次發酵，令他震驚的是竟沒人知道答案，他們都是靠直覺添加，這對有科學背景的Luís完全無法接受。

此外，Luís有著強大的企圖心，他盡可能地閱讀來吸取相關知識。他老提醒別人，他是念工程師出身而不是釀酒的。1987年是關鍵的一年，他結識葡萄酒評論家Charles Metcalfe，Metcalfe邀請他到倫敦的國際葡萄酒比賽擔任評審。Luís從1990年興致勃勃地接下了這任務後，至今仍未間斷。

Luís Pato

Luís表示：「國際葡萄酒比賽成了我的品飲學校。」能夠嚐遍世界各地的葡萄酒，他何樂不為。當其他評審問起他的收費，他的回答是：「一毛都沒收！我是來這邊學習的。」直到現在，他還能回憶起和英國葡萄酒界的傳奇Oz Clarke以及許多業界知名專家一同參與評審的悸動。

Luís從接下來幾年觀察其他評審的意見，就能知道葡萄酒產業善變的本質。在1990年的國際葡萄酒大賽（IWC），Luís喝到一款他形容是「非比尋常」的酒。那是經過桶陳的澳洲夏多內，他記得有「奶油糖的味道，而且酒精度高達15%」。這款酒不但受到其他評審極力讚揚，還得了獎。但這種鮮明的風格在隔年卻失寵了，同樣類型的酒也不受好評。

Luís的終極目標就是要證明巴加能夠釀出真正的優質酒。為了改善巴加某些不討喜的特性，他在栽種上和釀造過程中做了許多調整。譬如葡萄去梗，對於現在的釀酒師，去梗的概念不足為奇，但在1980年代，Luís第一次嘗試去梗可謂是創舉，也成功釀出了婉約、單寧柔軟，年輕就適飲的紅酒。

早年Luís的父親沒有餘裕購入橡木桶，而Luís則盡可能地把錢投資在木桶上。木桶的使用能軟化巴加的單寧，讓酒保有複雜度的同時也能提早飲用。Luís釀過各種巴加風格，有結構強勁而適合陳年的、有柔順年輕、果味豐沛的、有黑中白的白酒、以葡萄冷凍法釀製的冰酒、其中最特殊的就是「白中黑」，也就是藉由紅葡萄皮（當然就是巴加）與白葡萄一同發酵，來增加酒體厚度，這是一種傳統上葡語稱為curtimenta[42]的古老製法。

在葡萄種植方面，Luís堅信未嫁接的巴加能在偏砂質的土壤中生長，因此他在1988年種植了一座未嫁接的巴加葡萄園。以現代的釀酒葡萄來說，若沒透過高接的（top-grafted）方式將葡萄芽條嫁接到抗病的美國品種砧木，始終得面對根瘤蚜蟲的威脅。但Luís的實驗成功了，這座名為Quinta do Ribeirinho的葡萄園並未受到根瘤蚜感染，並用來釀造Luís最高階的酒款Pé Franco。

---

[42] 這是稍微令人困惑的詞彙，葡萄牙釀酒師也會用此字來代表橘酒（浸皮的白酒），部分是因為葡萄牙的酒標上不能標示「橘酒」（orange wine）。

許多當地人對於Luís的這些創新想法若非不以為然，就是保持懷疑態度，他也因此有了特立獨行的名聲。2003年，百拉達地區葡萄酒委員欲修法，不再將巴加列為產區的重點品種，Luís為此與委員會結下樑子，他把自家的酒全降級為廣域的貝拉地區酒來表達不滿。但在2007年，Luís超越地區葡萄酒委員會，當上了全國性推廣機構Vini Portugal的副主席，在某種程度上也算是出了一口氣。

Luís總有源源不絕的點子，酒莊品項也逐年擴展。2010年，他推出Pato Rebel系列，以加入微量的國產杜麗佳（Touriga Nacional）和碧卡，釀造出柔順、芬芳的巴加。酒標的設計展露了Luís內心調皮的愛因斯坦：吐舌頭，兩手張開指頭擺動，帶點叛逆卻又饒富趣味，這也成了Luís的招牌動作，他常在人前重現這姿勢而樂此不疲。此外，為了紀念每個孫兒女的出生，Luís也釀造特殊酒款，而且一款比一款更不尋常。就以2016年釀造的Laranja da Madalena來說，它是Luís對於橘酒的詮釋。這是一款巴加葡萄釀造的黑中白，在發酵過程中重新加入葡萄皮，以藉此萃取浸皮的香氣與風味。

對於葡萄酒界的潮流，Luís的見解精闢、實際，帶有存疑精神，他對自然酒圈常抱持著質疑的態度。自2012年，他開始釀造完全自然的巴加紅酒，無添加二氧化硫，他戲謔地說：「大部分的自然酒都有缺陷，所以我決定做一款零缺陷的。

Luís事業的成功，不全然歸功於他工程師的頭腦。他不餘遺力地以各種形式推廣葡萄牙和百拉達的酒，行至世界各地做宣傳，加上他有種討喜的老爺爺形象，臉上留著美國演員Tom Selleck的小鬍子，常向人調皮地眨眼和微笑，或許會稍稍逗弄人，但總保有親和力，隨時隨地都能娛樂大家。他的家族酒莊和附近的同行，成了日漸熱門的觀光路線。

Luís也常為各種推廣組織傳遞訊息，包括最早在海外推廣葡萄牙酒的獨立機構之一「獨立酒農協會」（The Independent Winegrowers Association,IWA），Luís在2000年時期擔任IWA的主席，他們旨在捍衛原生葡萄，並支持本土六家成員酒莊的葡萄酒（Quinta do Ameal、Quinta de Covela、Casa de Cello、Alves de Sousa、Quinta dos Roques和Pato自己）。

*Luís Pato*釀的第一個年份，極為罕見

Luís後續在Vini Portugal擔任副主席長達十年（2007-2017）。他自嘲說「那是我的公眾服務」，那段期間葡萄牙酒蓬勃發展，受到世界各地的關注。另外，百拉達有一群專用巴加品種釀造優質酒的釀酒師組成了巴加之友（Baga Friends），這些人包括António Rocha（Buçaco Wines）、Dirk Niepoort（2012年買下了百拉達的Quinta de Baixo）、François Chasans（Quinta da Vacariça）、Quinta das Bágeiras以及Sidónio de Sousa，當然Luís和他女兒Filipa也是其中一份子。

前往百拉達的國內外遊客，不單單只是聞酒而來。在梅阿利亞達城鎮（Mealhada）的附近（離Pato酒莊約20分鐘的車程）有個烤乳豬勝地，在那爭相賣烤乳豬的餐廳不計其數，但乳豬Luís吃的並不多。我們在2019年秋季前往參觀時，他略帶倦容地告訴我們：「我們現在一週連續有四天要接待旅遊團。」換句話說，酒莊每天午餐都是招待賓客烤乳豬。然而Luís對豬耳朵情有獨鍾（整頭豬最脆口的部位），只要他老婆不注意，就會看到他悄悄地向服務生點來吃。

對某些人來說，Luís Pato的形象頗為矛盾，一方面他勤於創新和提高銷售，並以現代化的方式來不斷精進自己的酒莊。另一方面，他又是個十足的傳統派，以盡量「減少干預」為釀酒原則，也逐漸減少新桶的使用。儘管他女兒Filipa早已把自己16公頃的葡萄園全改造成生物動力農法，Luís的葡萄園卻沒有完全走向有機。

但撇開農法不說，Luís也是有環保意識。現代化的Pato酒莊屋頂鋪有太陽能板，停車場也設有特斯拉的充電站（至今他已經買了三台電動車）。儘管年過七旬，Luís的好奇心和對實驗的渴望從未消退。2019年，他與小女兒Maria João合作推出了João Pato AKA Duckman系列，是不折不扣的自然酒。另類的藝術酒標，加上碎紙拼貼的巨大鴨子頭，全是Maria的主意；Luís則釀了符合現代潮流的輕盈普飲酒，未澄清過濾裝瓶，無添加二氧化硫。

從這對父女的合作關係就能知道，Luís與Maria João的相處還算融洽，但和大女兒Filipa的關係就一言難盡了。

Filipa Pato

Filipa同父親一樣，念的是化學工程，她不諱言曾在她熱愛的陶藝與葡萄酒間猶豫多時，但最後還是選擇了從事酒業。

父女倆專心致志的個性似乎常有衝突。Filipa也認為該找出自己的道路，這點或許讓人聯想到Luís與他父親之間的對峙。1999年，她在完成孔布拉大學（the University of Coimbra）的學業後，從父親的黑色小本子裡找到一些可以聯繫的人便啟程前往學習釀酒。她一開始落腳波爾多（對於葡萄牙的新手釀酒師來說，波爾多仍是經典首選）的Château Cantenac Brown，接下來一年待在阿根廷，最後一站是澳洲瑪格麗特河產區（Margaret River）。

Filipa返回百拉達後決定自食其力。她不打算和父親一起釀酒，也放棄在家族的葡萄園工作（她父親目前擁有55公頃地）。懷著不同於父親的使命，她決定放手一搏照護在百拉達逐漸被遺忘或廢棄的地塊，免受於拔除或改種奇異果的命運。

她說：「通常要進入釀酒這一行，要不是繼承家裡的葡萄園，就是家財萬貫。但我都不是。」Filipa起初是先買進葡萄，之後再租葡萄園，最後手頭寬裕時再收購老的地塊。她在外婆位於阿莫雷拉-達甘達拉（Amoreira da Gândara）村莊的老酒窖中（就在她父親現在的酒莊旁）釀造了她的首年份。Filipa很清楚她的市場在哪裡，而那裡絕對不是葡萄牙。

2001年，她釀的第一款酒是使用野生酵母發酵的愛玲朵與碧卡混釀。由於她的定價相當有競爭力，因此獲得比利時經銷商的青睞。一家位在安特衛普（Antwerp）的義大利餐廳（Pazzo）老闆注意到了Filipa的酒，他大量買進並在餐廳以單杯銷售。Filipa對於這名大客戶感到十分好奇，於是在2003年偕同進口商前去拜訪他的餐廳。

餐廳的老闆兼侍酒師William Wouters是個高挑、爽朗的比利時人。在安特衛普進葡萄牙酒的人不多，而他是其中一個。餐廳的酒單在當時頗為新穎，他回想說：「我們大概有20%的法國酒，但只有一款波爾多。」他常碰到習慣高檔葡萄酒的用餐客人會問說：「你們都沒有一些能喝的東西嗎？」

Nossa
CALCARIO
Baga 2013

不意外的是，William的酒單上也有Filipa父親的酒。但她和父親早有約定，無論在哪個國家，他們不會和同一家進口商配合，避免他們的酒被直接拿來比較，彼此的事業也能劃清界線，至今他們都還遵循這原則。

William一直是Filipa忠實的客戶，而Filipa也常往安特衛普跑。愛苗就在這一來一往中滋長，兩人於2006年開始正式交往。從此Filipa的生活隨季節被劃分為二，冬季大多在安特衛普度過，其餘的時間則在百拉達。Filipa向來厭惡百拉達又濕又冷的冬天，因此趁此離開再合適不過。她解釋說：「像是比利時這樣的北歐國家，對寒冷的天候有更完善的因應辦法。」

與William的交往，對Filipa的事業和私生活都產生了影響。在安特衛普的時候，總有各種有趣的葡萄酒送上William門前供她品嚐。Filipa開始接觸到低干預的或自然派的酒，並喝出了感想：「自然動力法的酒總是所有酒當中最有靈魂的。」她和William也趁機到鄰近的法國拜訪頂尖酒莊，最著名的就是布根地自然動力法的擁護者，已逝世的Anne-Claude Leflaive。

Filipa的葡萄園雖然已是有機種植，但她深受Leflaive和其他酒莊的鼓舞而轉向自然動力法。她持續尋找並收購老葡萄園，耐心復育。雖然她常把百拉達難搞的葡萄品種和零碎地塊來與布根地做比較，但夜丘或伯恩丘地塊一公頃要價百萬，百拉達的葡萄園以價格來說還是可親許多。

Filipa最老的葡萄園Missão裡，葡萄藤大約有130年。這數字她不是含糊估算，也不是胡謅，她是從一名八旬老農手中買下。若問老農關於葡萄園的歷史，他的回答是：「這葡萄園是我祖父種的！」葡萄園經過Filipa悉心的照護，已經從近乎休眠的狀態回復到能生產出一桶葡萄酒的量（Filipa剛買的時候，第一年只能收成50公斤的葡萄），這些酒裝瓶後成為Nossa Missão，具有極致的優雅感，融合絕佳的集中感與深度。

2014年Filipa和William做了人生的重大決定，他們計畫在百拉達定居。William的運氣不錯，主廚和領班願意收購接管下餐廳（如今Pazzo還有營業，酒單上仍有Filipa的酒）。對Filipa來說，要全心全意投入生物動力農法必須得時常待在百拉達。起初要遵循德米特（Demeter）認證[43]所嚴格限定的銅用量時，她還十分焦慮，幸好她堅持住了，如今她聳肩笑說：「其實也沒那麼難。」

William則是看過自己的雙親在餐廳做牛做馬，年屆65歲才退休，能享清福的日子所剩無幾，因此他樂於住在鄉村，過著以家庭為重的恬靜生活。奧伊什-杜拜魯（Óis do Bairro）這個不到500人口的村莊確實很清幽，William笑說村莊雖然只有兩個十字路口，但他還是被開過罰單。村子雖小，但當地的警察可是很盡忠職守。

William與Filipa有著對等的合作關係。儘管Filipa Pato的名氣已遠近馳名，她堅持要將整個釀酒計畫改名為Filipa Pato & William Wouters，顯示出了William的重要性，她表示：「我又不是住在死板的修道院……我們常聊天討論，他對酒的看法和我截然不同，這對我很有幫助。」他們兩人新建的住所就在Filipa外婆家的隔壁，不禁令人想到她父親初次釀酒的地方也在她外婆家。William逐漸在百拉達安頓下來，住家的設計也看得出他過去的餐飲經歷。他們有全套的專業廚房，光可鑑人的不銹鋼出餐檯沿著諾大的廚房和餐廳長達約10公尺寬。

可別小看被邀請到他們家用餐，William在成為餐廳老闆和侍酒師之前是個廚師。他在父母親的餐廳學會料理，曾擔任過比利時國家足球隊的飲食主廚。我們在一個11月的晴朗下午，享用七道菜的饗宴，從擺盤到料理水準都可媲美米其林餐廳。至於Filipa會煮飯嗎？她笑說：「William不在的時候就會煮。」

Filipa與她父親的關係外人難以捉摸。如今兩人都是享譽國際的釀酒師，各自擁有愛戴者。Filipa說：「我們在採收期間都不聯絡。等一切結束後，我們才會交流看法。」Filipa和我們聊到她在2013年開始使用陶甕，她半開玩笑地說：「別跟我爸說，否則他會懊惱怎麼他沒先想到！」

---

[43] 銅和二氧化硫的混合物能做成基本的殺真菌劑，有機或自然動力農法允許這類配方噴灑在葡萄藤上，以防黴菌滋長。

流浪酒莊

有別於Filipa Pato，Luís Patrão並沒有巨星級的釀酒師父親可以爭執。相反的，他的父親Dinis Patrão只有在閒暇之餘會在家釀酒，從不對外販售。年輕時放蕩不羈的Luís Patrão，承認自己並非什麼模範學生，他在15歲時擔任某個翻唱樂團的鍵盤手，把所有精力和熱情都投入了音樂，一心夢想能踏入音樂圈。然而一到葡萄園採收期間，他會到當地的貝羅村釀酒合作社（Adega Cooperativa de Vilarinho do Bairro）兼差（就像大多其他破產的合作社，如今已不復存在），在合作社工作四年，他也學會了不少釀酒技巧。

Luís Patrão的父母親不斷催促著他上大學，成績平平的他選擇並不多，他表示最終在1999年到雷阿爾城的山後-上杜羅大學（UTAD）念葡萄酒釀造是一場「美好的意外」。Luís對於學習相當投入，畢業後便受雇到阿連特茹的Esporão酒莊擔任助手釀酒師。在此同時，他利用家族在普特納（Poutena）村莊的半公頃葡萄園，試驗性地釀造了一千瓶酒分送給親朋好友，為他後續正式的釀酒計畫揭開序幕。

Luís待在Esporão日子裡受益良多，這多半可歸功於2006年剛上任總裁的João Roquette，他的遠見乃至對保護生態環境的決心，帶領Esporão一步步把自家700公頃的葡萄園全轉變成有機認證農法，並於2019年完成這項艱鉅的工程。

那一段時期對Luís而言相當有啟發性，他說：「Esporão的做法很專業，他們延請了專家顧問前來訓練整個酒莊團隊。」有機農法不光只在葡萄園本身下功夫而已，它周遭相關的事物也都得了解，因此要學習的事情很多。Luís也就是在這裡學到關於野生土地或是重新野化的土地、覆土作物、樹木、動物等有機農法的要素。

Luís在2016年離開Esporão前，大多時候他都待在離家鄉三小時車程的阿連特茹，因此他在家鄉百拉達成立了Vadio酒莊（葡文意指「流浪」），藉此能回家陪伴父母。

Luís在Esporão除了釀酒經驗，還意外收穫一樁良緣。Eduarda Dias是Esporão巴西經銷商的女兒，她曾隨父親拜訪過酒莊，匆匆見過Luís。隔年，Eduarda搬到葡萄牙工作實習時聯繫上Luís，希望透過他的關係接洽一些人。顯然找Luís就對了，兩人不久便開始交往。如今小倆口定居在里斯本，新成立的家庭與酒莊足以讓他們忙得不可開交。

Luís把父親Dinis Patrão曾儲放有毒化學物品的倉庫改建為小巧的現代化酒莊，Luís也逐步收購其他葡萄園。雖然擁有荒廢葡萄園的長者不少，但要說服他們賣地並非易事。Luís解釋說：「這還是跟文化有關。賣土地就表示這個人已經走投無路了。」因此到各處收購小葡萄園需要耐心和體力，免不了無數次的電訪和登門拜訪。Luís如今已擁有七公頃面積的葡萄園，但還不打算收手。

古老的葡萄園有眾多不確定因素（意外的葡萄品種和疾病），因此相較於Filipa Pato的修復，Luís大多會重新種植他收購的老葡萄園，此外，他認為一些以前的剪枝方式會讓植物更容易感染到黴菌或貴腐菌，Luís希望他的植物能在一開始就處於最健康的狀態，從2012開始，他決定效仿Esporão，將所有的葡萄園都改成有機種植。

Luís回想起初次和父親談論關於改成有機種植的時候，由於他父親Dinis Patrão目睹化學農藥所造成的破壞，兩人很快就達成共識合作，Luís去阿連特茹工作時，Dinis就幫忙照護葡萄園。

嚐過Vadio的酒，我們更能確定Luís是穩定且訓練有素的釀酒師，他以極簡的方式釀出平易近人的葡萄酒，強調純淨的果實風味，反映出葡萄園和葡萄本身的風味，而不是釀酒師的刻意表現。除了巴加紅酒，他美味的混釀白酒，以及用索雷拉系統（solera-based）釀製的氣泡酒也十分有趣。

離開Esporão後，Luís被延攬到Herdade de Coelheiros酒莊管理他們的葡萄園和釀酒團隊。Coelheiros酒莊位於阿連特茹古城埃武拉（Evora）南邊，占地800公頃，莊園裡有大量的軟木橡樹、核桃樹園，羊群和50公頃的葡萄園。前莊主在財務困頓下將酒莊出售給一個巴西家族，他們請Luís把Coelheiros改成全有機耕種，進而成為他口中「阿連特茹的典範」。

Luís親眼目睹過生物多樣性的重要，因此正打算在百拉達收購自家園Vale do Dom Pedro隔壁的林地，僅作為保存來復育生態。Luís盡心竭力地把在Esporão受到的啟發運用在百拉達的土地上。話雖如此，他很清楚他的個人計畫和在Herdade de Coelheiros被賦予的任務代表意義不同。他說：「我在Vadio做的事影響有限，但在Coelheiros這種大規模的莊園所做的改革，卻能產生巨大的改變。」

相較於Luís的父親，他母親對於有機種植則頗有微詞。看到葡萄藤間的野花、扁豆、青草叢生，她不免抱怨：「你的葡萄園看起來亂七八糟的。」Luís的母親並非不愛花草，但她認為花草就該在花園，而不該在葡萄園裡頭。她也擔心鄰居對此說長道短。Luís的葡萄園附近仍有傳統的園地，葡萄藤間沒有其他植物，看起來乾淨整齊，唯獨缺了Luís園裡生物多樣化的生命力。經過十年的有機耕種，他的葡萄園看起來宛如仙境，儘管Luís的母親並不認同，但瓢蟲出現了，鰻魚和蠑螈也都回來了。

Luís的父親認為百拉達無法全面發展有機農法，主要原因之一就是當地人的合作社心態。許多農民仍陷於量大於質的迷思中，一想到有機種植會減少產量，人們便遲遲無法行動。更令人驚訝的是有許多百拉達優秀的釀酒師仍堅信當地冷涼潮濕的環境不可能採取全有機種植。可想而知，他們或許還沒看過Luís Patrão和Filipa Pato現在的葡萄園吧。

Dinis Patrão

百拉達產區的推手

在百拉達，早在Luís Pato以平易近人的巴加打入大眾市場前，酒商兼酒莊Caves São João是成功推廣該產區優質酒的先驅。

Caves São João在1920年由Costa家族的三兄弟José、Manuel、Albano創立，公司原先主打斗羅區的酒，到了1930年代轉戰百拉達區。幾十年後，他們創造了兩個知名的葡萄酒品牌，一個是1959年以百拉達的酒為主的Frei João，另一個則是1963年以杜奧酒為主的Porta dos Caveleiros。該公司並在1970年代收購百拉達的莊園Quinta do Poço do Lobo。

Caves São João之所以能夠歷久彌新並受到老酒鑑賞家的尊敬主要是因為他們的生產穩定，在葡萄酒的黑暗時期也能釀造出高品質的傳統葡萄酒，這讓當時許多生產者望塵莫及。雖然他們有許多的酒來自於釀酒合作社，但三兄弟選酒的品味刁鑽。根據Richard Mayson的說法，Porta dos Caveleiros的基酒主要源自Casa de Santar酒莊，那是杜奧唯一在20世紀下半葉仍能繼續釀造裝瓶的民間酒莊。

Frei João tinto與reserva則是以接近100%的巴加釀造，以特殊的軟木塞裝瓶。這些酒經過陳放便能顯現出巴加的魅力。1995的Frei João Reserva有著令人兩頰生津的酸度，酒體結構厚實，帶有大地、草本的氣息。它是一款具有魔力和生命力的酒，並隨著時間漸入佳境。Caves São João的酒窖收藏龐大，最老的年份可回溯到1960年代。只要你待在葡萄牙的時間愈久，通常就會受邀喝到這些老酒，這些老酒的珍貴之處除了其歷史價值，喝起來更是令人心滿意足。

Costa家族十分重視隱私，但他們的酒莊在2020釋出待售的消息卻是眾所皆知，目前花落誰家尚未知曉，因此日後這間久負盛名的酒莊會如何發展還有待觀察。

Vadio的葡萄園

第六章

葡陶甕
Talha

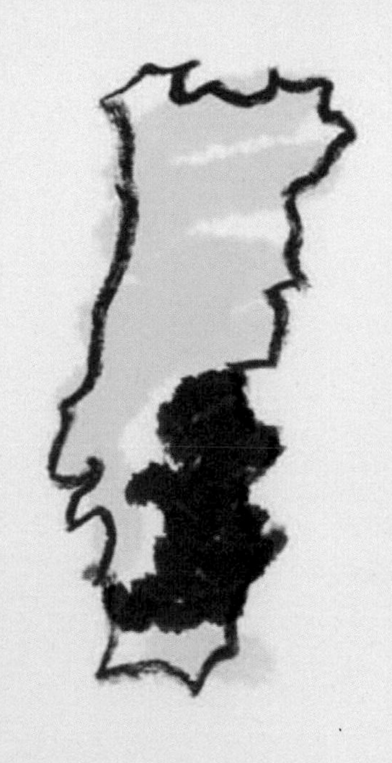

為了紀念一位在薩拉查政權下，遭受勞工剝削並受暴行殺害的農婦Catarina Eufémia，詩人Vicente Campinas在1967年創作的《Cantar Alentejano》一詩中曾寫道：「被遺忘的阿連特茹（Alentejo）啊，在未來必將高聲放歌！」

或許阿連特茹曾被遺忘過，但如今在世界各角落一瓶瓶唾手可得、平價的葡萄酒建立起現代對阿連特茹的印象。現今阿連特茹的商業酒莊憑藉著外來的國際葡萄品種、抵禦乾燥的灌溉系統，釀製出品質一般但風行全球的紅葡萄酒，或許阿連特茹乾燥炙熱的草原，更適合橡樹及橄欖樹，而不是葡萄園與豔陽照射下刺眼難耐的不鏽鋼桶，但當代世人的確藉此認識阿連特茹，酒莊也歡慶商業上的成功。

然而，在光鮮的表面下與商業成功的背後，歷史的傷痕怎能不著痕跡呢？如果農婦Catarina Eufémia沒被殺害，在2020年她將屆齡92歲，她描繪出的阿連特茹必定與現在截然不同。她就如薩拉查政體下大多數的勞動階層一般，沒有穩定工作與收入來源，貧窮且不識字。

在1954年的某天，Catarina Eufémia與其他農婦向上級要求提高勞動薪資（她們要求一天多2埃斯庫多，等同現在的0.1歐元），上級則把他們送到位在巴萊藏（Baleizão）的警局，警官拒絕了她們的要求，惡狠狠地掌摑Catarina，最終掏出手槍連開三槍射殺了她。警官不僅殺死Catarina，也傷及她懷中8個月大的嬰兒，Catarina之死在當時勞工階層引起無比巨大的悲憤。

時至今日，洗白牆面的房舍與塵土飛揚的空蕩街道依舊不變，路邊屋子的小窗如同半闔的眼，在如此燥熱的地區，更需要的是遮陽的牆，而不是透光的玻璃窗。Baleizão的風情就如同阿連特茹的其他地方，舉目所見無非是葡萄園、橄欖樹、橡樹與莊園，而貧窮持續蝕刻此處，富裕的地主與窮苦勞工的鴻溝依舊。

在薩拉查時代，維持階級與大型國企利益是當時的首要目標，任何人企圖衝擊階級都可能遭受暴行對待，如今專橫制度或許已成歷史，但貧富不均依舊，差別只在如奴隸般的勞工已從在地葡萄牙人換為外來勞工。

在阿連特茹，黑道背景的人口走私集團引進來自較貧窮的東歐或泰國勞工，起初承諾他們優渥的勞動薪資，但入境後則沒收他們的護照並僅給予遠少於國內最低薪資的微薄薪水。在2018年，走私東歐勞工的人蛇販子曾被逮捕，且根據歐盟執行委員會2020年公佈歐洲國家人口走私數據，2017-2018年間，葡萄牙走私勞工受害者的比例位居第二位，僅次於馬爾他[44]。

這些走私的勞工大多圍繞在阿連特茹的農園間討生活，2019年警方幾次的臨檢都在覆盆子果園中發現他們，勞力需求密集的葡萄採收當然也不會是例外。這些一年只需待上幾週的臨時勞工往往也沒有工作證。透過剝削勞工，地主與來自各地的酒莊投資者從中賺取了可觀利潤。這種不公義的剝削或許能解釋為何葡萄牙南方社會主義與共產主義的黨派長期受到當地的支持，David Birmingham曾在其所著的《葡萄牙簡史》一書中描述，在阿連特茹，共產黨對窮苦農民所允諾的土地重新分配，遠比天主教的信仰還深植人心。

著名的葡萄牙革命曲目《Grândola, Vila Morena》歌詞與阿連特茹的同名城鎮格蘭杜拉（Grândola）有關並非巧合。這首歌由已故的葡萄牙左派音樂家Zeca Afonso於1971年譜寫，相較於他其它帶有共產色彩而遭政府禁播的歌曲，這首短歌表面慶祝格蘭杜拉，聽似無害便躲過了審查，也因此被選為康乃馨革命前透過全國廣播放送的信號，在1974年4月25日凌晨的0點20分，此曲播放全國，里斯本的政變士兵立即揭竿而起。而這場所謂的革

[44] 人口走私的數據收集由歐盟發起，於2020年9月公布報告。

命，仍以葡萄牙人低調的行事風格，在非暴力與不流血的情況下推翻了新國家政體。

• • •

在阿連特茹，社會或共產主義的原則不僅僅只是政治形式，也催生出社區互助互信、相親相愛的傳統，即便在現今，友誼、食物與葡萄酒仍是阿連特茹社區與鄰里之間的核心，家庭與鄰里間的守望相助仍是村民保守的重要價值。

在阿爾瓦鎮（Vila Alva），里斯本200公里以東座落在阿連特茹的村莊，84歲的Maria Josefa經營當地唯二咖啡店其中之一，當地人叫她Marizefa，她的店裡只販售酒類和其他飲品（包括要命的私釀高酒精度蒸餾酒）。如果客人帶食物到店內享用，Maria也很樂意提供餐具、橄欖油、陳年醋與鹽讓顧客使用，因此在店內很常見到顧客享用自家採摘的番茄與蔬菜。

在一次拜訪阿連特茹的旅程中，我們的車在離城鎮遙遠的高速公路區段拋錨，這裡極度偏遠，只有飛揚的塵土與寂靜相伴，甚至有點冷。當地修車公司抵達後，仔細檢查發現是化油器蓋脫落，技師問我們：「你們有辦法開回車廠嗎？我們那裡可能有一位技師能修理。」於是乎，我們在沒什麼動力的情況下勉強開了幾公里，最終到達了修車廠。那裡沒有合適的替換零件，但技師發揮巧思用牛皮膠帶與金屬絲修復，我們最後順利上路也抵達了目的地，這樣有人情味的服務，卻一毛錢也沒有跟我們收，我相信他的好心會有好報。

Maria Josefa 在她阿爾瓦鎮的咖啡館中倒出當地的私釀高酒精度蒸餾酒

這些例子反應出當地人的善良心腸與真誠，但阿連特茹的精神不光在於好客的咖啡店或不收費的修車廠，真正凝聚在地人的核心是一個個家族代代相傳的陶甕，這些巨大陶甕自2000年前的羅馬時期就存在於此，他們由陶土製成，並站立於地面，當地人稱之為Talha。

在阿連特茹，釀製陶甕酒的酒窖被稱為Adega，通常陶甕酒釀製完成後鮮少會裝瓶出售，而是直接分享給親朋好友。少數販售的陶甕酒當地人購買後會用塑膠容器裝回自家，就如陶甕酒釀酒師Ricardo Santos解釋道，當你在朋友的酒窖飲用陶甕酒，絕不會被收取任何費用，收費會被視為無禮的行為，朋友之間相互扶持，不論此生或來世依舊。

陶甕酒傳統

釀酒師Ricardo出生於阿連特茹的阿爾瓦鎮，現住在里斯本近郊，他回想起年幼時他的父親工作下班後，就會在村內的各家串門子，聊聊天順便喝上幾口朋友釀的陶甕酒，通常他回到家都是幾小時後的事，因為回家的路上有太多酒窖可以拜訪了。曾經在阿爾瓦鎮這樣的村子，每家都會釀製陶甕酒，如今，這樣的傳統也並沒有完全消失。

Ricardo說，不論是在阿爾瓦鎮或鄰近的城鎮如庫巴（Cuba）、維迪蓋拉（Vidigueira）與弗拉迪什鎮（Vila de Frades），家家戶戶都有自己的釀酒陶甕，儘管聽來令人難以置信，但此言不假。Ricardo的表哥Flávio Carrça是村內僅有的兩家咖啡館的其中一家老闆，為了向我們證實每家都有陶甕這個說法，他走到對街並拉起岳父的車庫門，在車後就站立了一個比人還高的陶甕，可惜的是，這個陶甕已棄置多時，但Flávio也有自己的酒窖且持續在釀酒。當Ricardo帶領我們穿梭街道時剛好碰到他的朋友，論及此事，他的朋友毫不猶豫地引領我們到他家的後院小屋，三個齊膝高度的小陶甕就站在裡邊，甕內裝滿了酒液。

在這附近，數百年來的釀酒傳統幾乎從未改變，人們在小陶甕或小型石槽內腳踩葡萄破皮榨汁，再把葡萄汁液與果皮移置到陶甕進行發酵，陶甕底部會先鋪上葡萄梗，這些梗可大有用處，在發酵完成後酒液會從陶甕底部小孔引流出，底部的梗就是天然的過濾網。

在陶甕酒的製程中，完全靠天然的酵母菌啟動發酵，逸散至陶甕頂部的二氧化碳會形成防氧化層，釀酒師一天中必須推散酒帽（cap）至少兩次，確保甕內的壓力得到釋放，否則陶甕內壓力過大有可能會爆炸，也因為如此，通常在酒窖地底下會埋下備用陶甕（ladrão，葡文意指「小偷」），如果不幸發酵時陶甕爆炸，底下的陶甕還可回收部分酒液。

陶甕發酵同樣有溫控的方式，釀酒師會從陶甕頸淋下冷水，水順著陶甕表面而下的過程會降低溫度，這樣的方式聽來原始，卻相當有效，發酵溫度可從駭人的40°C降至20°C，避免酒液過熱產生燉煮風味而喪失應有的果韻。

一旦發酵完成，釀酒師會在酒的液面淋上橄欖油隔絕氧化，釀製陶甕酒的專家Arlindo Ruivo教授表示，最好的陶甕酒只會淋上最優質的橄欖油，有時候甚至在品飲陶甕酒時，都可嚐到幽微的橄欖油芬芳，但這並不是一件壞事。大部分釀酒師為隔絕蒼蠅侵擾，也會在封口陶甕時套上黑色塑膠袋（實用為主）甚至外觀精美的繡花布（考慮到觀光客或IG美照）。

陶甕酒會靜置到聖馬丁日（o Dia de São Martinho，每年11月最靠近11號的週日）就可以飲用了。釀酒師會拿一根木製細管（batoque）戳入陶甕底部原本密封的洞，酒液會一滴一滴緩慢地被引流至集酒容器（alguidar）。在這段期間，全村的酒窖都會奏出陶甕酒的滴答聲交響樂，這樣的過程緩慢且極需耐心，因為堆積在陶甕底部的葡萄梗相當密集。如果是白葡萄釀製的陶甕酒，那引流出的酒會是透明美麗的琥珀色，如果是紅葡萄或紅白葡萄共同發酵，就會呈現深紫色或是粉紅色。

此期間的酒窖會搖身一變成為朋友飲酒暢聊的酒吧，沒有炫目時髦的裝潢，村民們就在陶甕旁擺起桌子再鋪上格子花布，使用的酒器也相當簡單，他們用的是類似喝渣釀白蘭地的小型烈酒杯，提醒大家這是在品飲而非牛飲。整個冬天村民們穿梭各家品嚐彼此釀的陶甕酒，直至隔年的一月或二月最後一滴酒喝完方才罷休。

當我們走訪阿爾瓦鎮其中一家比較大的酒窖Adega Manual Fernando，當下的景象恍若一世紀前，只見幾個戴扁帽的老人家，自在地聚在酒窖灰暗的角落飲酒聊天，一群年輕人則在酒窖外邊，其中一人在小型爐火上烤著香腸。有人提供佳釀，就有人帶吃的來分享，這是常見的禮尚往來。

我的朋友Zé是釀酒師同時也是酒窖主人，只見他飛快地幫朋友斟酒，與此同時，珍貴的葡萄酒持續從各陶甕滴流入盛裝的塑膠容器。毫無疑問地，這裡如果商業化絕對會是個炙手可熱的小酒館，但這裡沒有啤酒機，更沒有金錢交易。

現在是週日午餐時刻，人們一結束禮拜步出教堂，便會迫不及待地前往朋友的酒窖準備飲酒聊天。這時，一扇不起眼的門吸引了我，外圍的牆上有些陶甕的碎片，原來這裡是酒窖Adega Marco "do Panoias"，儘管這裡看似又小又簡陋，但珍寶就藏在其中，村內迄今最古老且仍在使用的陶甕就在這裡。 仔細一看可見1679年的字樣刻在陶甕頸，同時還刻了類似猶太教生命之樹的圖騰在旁來代表製作陶罐的人。這個老陶罐可不是放著好看的，裡頭還裝滿了解渴的美酒，釀酒的葡萄來自阿連特茹的混種葡萄園，包含紅葡萄品種如格羅薩紅（Tinta Grossa）、阿拉哥斯（Aragonez）、阿利坎特布謝特（Alicante Bouschet）、卡本內蘇維翁與希哈，反映出阿連特茹長久以來葡萄園種植的傳統。

在另一頭的酒窖，Izalindo Marques敞開大門，只見6個站立的陶甕、椅子和一些家裡放不下的裝飾品雜亂無章地擺著，他在長桌上擺好酒杯，斟上單寧強勁且香氣馥郁的陶甕白酒。屋頂上吊了好幾串冬季享用的風乾葡萄，牆壁上則掛滿了塑膠瓶裝容器，等著來訪朋友滿載陶甕酒而歸。

重拾往日美好

Daniel Parreira是一位生活在里斯本的年輕土木工程師，他帶著都會氣息，說著一口流利的英語，但他其實是阿爾瓦鎮長大的孩子。他回憶起童年，他的爺爺、父親、叔叔與他們的朋友都只飲用陶甕酒，一直到15歲前，他都還以為酒全是用陶甕釀的。

Daniel Parreira的爺爺 Daniel António Tabaquinho dos Santos是一位木匠，大家都稱他為Mestre Daniel（葡語中精通任何一項技術都可被稱為Mestre），Mestre Daniel的兒子，也就是Daniel Parreiria的父親，在酒窖Adega Mestre Daniel釀陶甕酒直到1990年代，Daniel對於父親當時釀酒的情景仍歷歷在目。大約在酒窖停止運轉的10年後，Daniel跟姐姐決定著手整理，把酒窖改裝成博物館，展示陶甕酒的傳統與文化。酒窖內陳列了26個空陶甕，很多都有上百年的歷史，不僅如此，諾大的酒窖有著美麗的泥磚牆與木樑結構屋頂，非常適合作為活動場地，因此他們也常在此舉辦派對與其他活動。

雖然酒窖總算有了用途，但總感覺少了什麼，沒有葡萄發酵香與滋滋作響的發酵聲，這裡不再是Daniel孩提時記憶中的地方了。Daniel的兒時玩伴Ricardo Santos長大後成為了釀酒師，現在也是幾家酒莊的顧問。Ricardo想起父親過去也曾在Daniel爺爺的酒窖工作過，某天他向Daniel提出再次在酒窖釀酒的想法，來向Daniel死去的祖父致敬，Daniel年邁的奶奶聽聞此事後，顯得相當開心。

在Daniel跟Ricardo克服一些法規要求後，終於在2018年開始釀製陶甕酒，但Daniel不只想釀酒，他想讓來訪者認識陶甕酒的歷史與文化，他殫精竭慮地研究歷史並繪製出了阿爾瓦鎮的酒莊圖譜。Daniel發現在1950年代，村莊中約有800位村民經營共72個酒窖，實際上釀製陶甕酒的人遠遠超過這個數目，當時村內家家戶戶都有陶甕，而他只統計擁有三個陶甕以上的酒窖。

時至今日，在阿爾瓦鎮目前僅有8個酒窖仍在使用，另有14個酒窖依然存在但沒有釀酒，令人惋惜的是剩下的50個酒窖已完全消失，陶甕不知去向，酒窖大多也因應需求而改建另作他途。Daniel統計出大約在一世紀前，村內的陶甕數量比村民人口還多，當時約有1046個陶甕，而今只保留下200個左右，其中部分被販售成為花園擺飾，部分被放在道路圓環當裝飾，最慘的則是被擊碎拿去鋪路。

ORLANDO
FEX

消失的陶甕

陶甕釀酒的傳統為什麼消失了？這個問題的答案與薩拉查脫不了干係。在1950至1960年代，政府在全國設立大型的釀酒合作社，直接導致陶甕酒的式微，也扼殺了陶甕酒文化。

設立釀酒合作社的目的就是要有效管理產量，並建立合乎成本經濟效應的生產線，例如1960年代成立的維迪蓋拉釀酒合作社（Adega Cooperative Vidigueira）。農民如果想要把自家葡萄賣給釀酒合作社，就不能販售自釀酒，這對阿連特茹有深遠的影響。釀製陶甕酒非常耗費體力、產量受限且釀製技術困難。在發酵階段澆淋冷水降溫控制發酵，觀察甕內壓力避免陶甕爆炸都極需經驗，使用木製細管引流酒液時如何避免漏失太多酒也相當需要技巧，更別提最後移出陶甕內殘餘果渣及葡萄梗的過程有多耗費體力。相較之下，對酒農來說直接把葡萄賣給合作社更簡單輕鬆，且確保銷售，就在這樣的時空背景下，阿連特茹的酒產量在10年間成長了超過一倍，釀造陶甕酒的傳統則逐漸消失。

對酒農來說，穩定的銷售讓他們經濟較有餘裕，也能負擔得起四輪交通工具，而這些佔位子又閒置的陶甕則越看越礙眼，於是他們逐漸賣出陶甕，酒窖也變成更實用的車庫。

但陶甕酒並未完全消失，大型莊園在收成後會剩餘一些葡萄，在默許下可供農民使用，大部分的家庭仍留著一兩個小陶甕做私釀飲用。然而，製作陶甕的技藝徹底在這個世代中消失，在阿連特茹可見最年幼的陶甕製作於1970年代初，且數量稀少，大部分仍在使用的陶甕年齡介於100至150歲。

教授與學生

Daniel與Ricardo經營的Mestre Daniel是阿爾瓦鎮內現今最有企圖心的陶甕酒窖，他們接待來自里斯本遊客，也裝瓶陶甕酒並取為名為XXVI Talha，意指酒莊現存的26個陶甕，雖然目前僅有一半被使用。自21世紀初迄今二十年間，陶甕酒的文化逐漸受到重視且蔚為風潮，他們剛好順應潮流而取得成功，但復興陶甕酒的重鎮其實並非阿爾瓦鎮，而是鄰近的弗拉迪什鎮。

在阿連特茹，小心翼翼恪守傳統的不只有Daniel跟Ricardo，還有一個無人不知、無人不曉的名字Arlindo Maria Ruivo，他是一名屆齡80歲的退休教師，是大家口中的「教授」。他自1991年就釀製陶甕酒，其家族已延續三代的釀酒傳統。

在弗拉迪什鎮要找到教授很簡單，他說：「村內每個人都認識我，只要隨便問一個村民，他們就會告訴你我在哪裡。」但還好不需要親自到當地，打通電話給教授，他也是會接的。在11月的某個週日早晨，我們跟教授相約碰面，教授清閒地坐在鄰近他酒窖的咖啡館，他每週一到週六早上7點就到葡萄園工作，週日就休息喝杯咖啡。他充滿熱情滔滔不絕地說著村內釀製陶甕酒的傳統，他展現的迷人風采徹底感染了每一個人。對他而言，陶甕酒無比珍貴，不僅要透過嗅覺與味覺品嚐陶甕酒，更要透過聽覺感受迷人的滴注聲，才能體悟陶甕酒的全貌。陶甕酒透過最簡單自然的釀製方式，才能夠展現出葡萄的潛力。

教授的酒窖就位在村內的中心，外觀上與其他傳統酒窖別無差異，唯一能辨認的是酒窖門外的牆面爬著一株蜿蜒曲折的葡萄藤。如果在秋季拜訪教授的酒窖就會發現，樑上懸掛了許多風乾葡萄，當地稱為penduras。根據教授解釋，在秋季這個陶甕酒發酵的季節，酒窖內會充滿二氧化碳，懸掛的葡萄因而不受細菌與昆蟲侵擾，能夠妥善地風乾並保存到聖誕節供人享用。

酒窖Adega Manual Fernando

這座石造的酒窖建於17世紀，教授驕傲地回憶起當年，他的岳父不僅於此釀酒，且在村內另租了7個酒窖釀酒。在陶甕酒的鼎盛時期，弗拉迪什鎮內共有138個運作的陶甕酒窖，以900名左右的人口來說，這個數據相當驚人。然而如今僅只有10個酒窖持續活躍，與阿爾瓦鎮相仿。

教授表示，他從沒想過有一天他會接管酒窖，直到1991年他的岳父在與癌症奮戰兩年後辭世，而剛好他也卸下了32年的教職，提早退休，才能全心投入管理家族的葡萄園與酒窖。他對陶甕酒的獨特性始終保持熱情，接下家族傳統他甘之如飴。

在當時，陶甕酒傳統來到趨近消逝的關鍵點，沒人能保證陶甕酒文化能續存，但教授的堅持讓陶甕酒的傳統得以延續，即使在接手之初他對釀製陶甕酒的所知非常有限。

說來有點難為情，教授的岳父，其實就是催生1960年成立維迪蓋拉釀酒合作社的推手，而正是合作社出現後的十年間扼殺了陶甕酒文化。由於當時販售陶甕酒經濟上已難以為繼，為了提高區域內葡萄收購價格與酒價，且更有效率地處理日益增產的葡萄，成立釀酒合作社勢在必行。教授的岳父儘管因目睹陶甕酒窖的衰亡而感到痛心，但日子總得過。教授回憶並解釋道：「在當時釀酒只是為了求生存，並無任何浪漫可言。」

毋庸置疑地，教授讓一息尚存的陶甕酒文化重生，但不可否認，直到2000年初，在岳父死後他也擔綱釀酒合作社主席。或許教授的舉措讓人摸不著頭緒，但別忘了，教授跟區域內的其他果農一樣，也售出大部分葡萄給合作社，他本人就有60公頃的葡萄園。不管怎麼說，在當地酒業擔任要角讓教授在復興陶甕酒上更握有優勢。

在1997年迎來了陶甕酒的轉機，一群教授曾教過的學生拜訪他的酒窖，他們此行不是來噓寒問暖，而是建議教授舉辦陶甕酒競賽，藉此提倡陶甕酒文化與能見度。這群年輕男女不是釀酒師，更與酒業無關，他們純粹出於對傳統的熱愛而提出建言。與教授相似，他們希望傳統能被保留，而不是在商業利益優先下旁觀傳統沒落。

教授想了幾天後，同意了他們的提案，成立陶甕酒釀酒師協會Viti Frades，並從此每年舉辦競賽選出最棒的陶甕酒。舉辦的首年，協會聯絡鄰近村莊如庫巴、阿爾瓦鎮、維迪蓋拉與其他地方的陶甕酒釀酒師，加起來僅5個酒莊送樣參加競賽。第六感告訴教授這急不得，他安慰學生們別氣餒，放輕鬆。果不其然，在2019年共有140間酒莊參與競賽。

在陶甕酒文化重生後，弗拉迪什鎮與鄰近村莊重現過往的熱絡，根據傳統在11月的聖馬丁日一到，陶甕酒就可被飲用，這些看似神秘的酒窖大門接二連三地敞開，酒窖內擠滿迫不及待品嚐新年份陶甕酒的朋友，街頭巷尾無不歡慶。

在2019年11月我們走訪當地，教授的孫女安排我們在協會Viti Frades辦公室外等待一個人，並未透露更多訊息。陶甕酒協會的重要人物Joaquim Oliveira出現了，他停在路邊走下車，然後問：「你們就是要來拍攝陶甕或相關事情的人嗎？」我們則解釋目前在寫一本相關的書，且希望能拜訪更多陶甕酒窖。

Oliveira領著我們到附近他朋友的酒窖Adega Zé Galante，José Galante在那正忙著用盒中袋裝陶甕酒，他一邊跟我們聊天，一邊不慌忙地一手拿著裝滿陶甕酒的塑膠大肚瓶，另一手則拿著漏斗與鋁箔盒中袋，這樣的分裝流程雖不比現代化的裝瓶生產線，也沒有ISO認證，但看起來似乎也是達到微氧化（micro-oxidation）的創新方法。

我們品嚐到非常可口的陶甕粉紅酒（petroleiro），剛好有另一位熱情的朋友Rafael帶著一大袋的麵包、風乾火腿與起司加入我們，氣氛頓時歡騰了起來。

在那我們度過了美好的時光，陶甕酒真的是太令人驚艷了，在我們離開前Rafael更大方地分裝了一大瓶三公升的酒給我們「外帶」[45]，一切是這麼讓人流連忘返。

Oliveira持續跟我們分享教授的事蹟，領著我們短暫走訪了幾個陶甕酒吧與酒窖。他提到地方政府正申請將陶甕酒傳統列為聯合國無形文化遺產，希望能複製喬治亞陶甕酒的成功，他笑著說遊客蜂擁而至品嚐當地陶甕酒的熱潮，讓陶甕酒往往不到年底就被喝光了，這讓他們困擾，因為只剩下釀酒合作社的工業酒能將就著喝挨到隔年。

陶甕酒官方化

陶甕酒會受到大量關注並非憑空而來。教授在2002年偶然向阿連特茹葡萄酒產區認證官方機構（Comissão Vitivinícola Regional Alentejana,CVRA）的律師提出設立陶甕酒法定產區Vinho de Talha DOC，當時他得到的回覆是：「陶甕酒？那是什麼？」　這足以顯示陶甕酒傳統是如何地被遺忘。數年後在2008年，他更正式地向CVRA提出申請，這回協會開始認真地看待此事。

在2010年，陶甕酒法定產區Vinho de Talha DOC正式設立，2011為官方認可後的首年份，在當時，官方認證讓生產者歡欣鼓舞，但10年後的今天，氛圍卻顯著不同。陶甕酒傳統的珍貴之處在於親友間的往來與分享，他們拜訪彼此並直接在甕旁飲用陶甕酒，然而官方認證的陶甕酒必須裝瓶，這樣的要求有違傳統價值。

儘管是生產者中少數妥協官方認證的陶甕酒莊，Ricardo Santos尷尬地笑著說，陶甕酒其實不應該裝瓶，直接在甕旁飲用才新鮮可口。

---

45 儘管裝瓶很原始，但一年後瓶中的酒仍是相當美味。

官方法規也存在其他不合情理的要求。陶甕為純手工打造，即便工匠也無法精確知道陶甕的容積，更別提釀造過程中帶皮與帶梗發酵會佔據部分體積，但官方卻要求精確測量產出陶甕酒的容量，導致陶甕酒裝瓶前必須移入不銹鋼桶或其他可量測體積的容器，才能裝瓶並取得官方認可，試想陶甕酒裝瓶前竟然一定要經過不銹鋼桶，這樣的要求根本自相矛盾。

不僅如此，官方要求葡萄必須去梗，但在發酵過程中可加入部分梗，這在雷根古什迪（Reguengos）與庫巴是傳統做法，在其他區域則否。官方也規定在聖馬丁日裝瓶前，葡萄酒包括其皮或梗必須一直留在陶甕裡。此外，CVRA要求酒莊定期提供相片來證明從收成至11月期間，酒液都保存於陶甕內。

取得官方認證的陶甕酒莊不多，在2019年僅17個酒莊送樣給協會並取得DOC Talha官方認證。其中，多數取得認證的酒莊為大型商業酒莊，且近期才開始購入陶甕並著手釀製陶甕酒。這些酒莊包含Esporão、Herdade do Rocim、Herdade de São Miguel（Casa Relvas），甚至維迪蓋拉釀酒合作社也在其中，他們令人意外地釀出物美價廉的陶甕白酒。

陶甕酒新世代

儘管教授自1991年已釀製數千公升的陶甕酒，但從未售出任何一滴，教授微笑著說：「陶甕酒只為了家人與朋友而釀」。很顯然地，他有一大群朋友，然而教授的陶甕酒將贏得更多受眾。

教授的孫女Teresa Caeiro，攻讀釀酒學位時就跟著教授學習，她個性隨和且有著如教授般迷人的風采與熱情。

*Arlindo Ruivo*教授與孫女*Teresa Caeiro*

當我們與她交談時，她手拿著日誌正忙著檢查幾個陶甕，並用粉筆在甕上記錄測量數據與細節。她非常堅定地說：「不管你做什麼，別把它們稱為amphoras（雙耳瓶），它們是talhas，與amphoras不同，就像喬治亞的生產者不喜歡他們的陶甕qvevris被稱為amphoras。」

Teresa於2020年推出名為Gerações de Talha（傳世陶甕酒）的系列酒款，教授對於孫女的主張深感興趣且樂見其成，他說：「這是歷史性的一刻，有史以來我們賣出的第一瓶酒。」他很開心孫女能賦予傳統新生並開創事業。

如同許多釀酒師，在2014年教授決定用環氧樹脂（epoxy resin）作為陶甕內塗層，在教授現有的陶甕頂部可清楚看見環氧樹脂的蹤跡。對於陶甕內塗層應使用什麼塗料，教授認為這沒什麼好猶豫，環氧樹脂不會影響葡萄酒風味且確保陶甕內衛生，他語帶警告地說，一旦雜菌數量過多影響酵母發酵，整甕酒只能捨棄。

然而也有許多釀酒師不同意他的作法，例如Ricardo Santos、Domingos Soares Franco（酒莊José de Sousa）、André Gomes Pereira（酒莊Quinta do Montalto），他們都堅持陶甕內不應使用環氧樹脂塗層形成隔氧層，認為陶甕壁應保留微小間隙，讓酒在陶甕內能接受微氧化與熟成。傳統上，陶甕內不會使用環氧樹脂，而是使用一種黏稠、金黃色，被稱作Pês的塗料覆蓋於陶甕內壁。

這神秘塗料好似薛丁格的貓，許多現代釀酒師都表示塗料的配方可能已失傳，但這些陶甕總要有人去重上塗層，所以顯然有人知道這項傳統技藝。

教授證實了傳統塗料是由松脂混合橄欖油與其他天然材料組成，有時也會加入月桂葉。材料混合後會直火加熱至半凝固狀，然後塗在陶甕內壁，以填補陶甕孔隙。在阿爾科斯（Arcos）經營咖啡吧（當地稱Tasca）且販售自釀陶甕酒的老闆António Gato回憶起過去，曾有專門替陶甕上傳統塗層的師傅在各村莊間往來穿梭，且秘密配方不外傳，當時他們被稱呼為pesgadores。

Teresa雖試著維護教授採用環氧樹脂的決定，但她顯然抱持客觀的態度，她帶我們走進酒窖中滿布灰塵的暗角，指著四個不使用環氧樹脂的陶甕，並堅定地笑著說：「我也會用這幾個陶甕試著釀酒，看看是不是真的不一樣。」

Teresa對葡萄園施作農法也有重要的革新計畫，在教授時代葡萄園仍會使用除草與除黴劑以保證收成與品質穩定，但Teresa已著手改採用生物動力法，她知道這將花上數年才能改變葡萄園生態，但如果成功，將能改變同儕與維迪蓋拉其他釀酒師的想法。

倖存者

儘管有上百個酒窖消失、成千的陶甕毀壞，但出人意料地，其實有為數不少的人維繫這項傳統，不僅在酒窖內，當地餐廳或咖啡吧也提供自釀陶甕酒，例如位在弗拉迪什鎮的餐廳País das Uvas或位在庫巴的餐廳Casa Monte Pedral都可以喝到一壺壺從陶甕直接取出的新鮮陶甕酒[46]。

這些餐廳或咖啡吧從未消失，但遊客至今依舊對這些餐廳不熟悉，就算遊客真的到了這些餐廳，店員也不會解釋深具歷史意義的陶甕酒，用餐的遊客也無法領略其美妙之處。

餐廳Casa Monte Pedral的場地曾是釀酒合作社，共有三個相當大的用餐區，其中兩區的牆站滿陶甕。另一家餐廳País das Uvas則與教授的酒窖Adega Honrado位在同址，是一個挑高的酒窖餐廳且也作為陶甕酒博物館。這些餐廳自釀的酒相當具在地風格，有時候略為粗獷，但搭配當地佳餚相當美妙。

從城市埃武拉（Evora）到阿爾科斯間仍有許多小咖啡館或酒吧可發現陶甕的蹤影，但它們通常放在骯髒的角落，且數十年未被使用。然而在陶甕酒的

---

46 照理來說是季節限定，端看餐廳是否在下一個生產季前就已售罄。

重鎮，許多酒窖已整理而重獲新生，例如阿爾瓦鎮的酒莊Mestre Daniel，陶甕酒文化在這裡已全然復興。

事實上，10年前在地最大的陶甕酒窖已重啟，且與教授無關。在弗拉迪什鎮與維迪蓋拉以東，城鎮雷根古什迪蒙薩拉什（Reguengos de Monsaraz）是另一個陶甕酒重鎮，在那可以找到Casa Agrícola José de Sousa Rosado Fernandes這個歷史悠久的陶甕酒窖，他們共有118個陶甕，雖然不是所有陶甕都保持完整。

在1980年代，José de Sousa是阿連特茹最知名的酒莊，在眾多酒莊中，只有José de Sousa或多或少持續釀陶甕酒，只是大家不曉得他們在外販售經典紅酒的同時，也會喝陶甕酒。如果你走運到家，有機會喝到一瓶José de Sousa的老酒，尤其是1965年之前他們黃金時期的酒款例如Rosado Fernandes、Tinto Velho或Garrafeira，那是極為罕見的陶甕老酒，釀製的方式就是與當時數百個陶甕酒窖相同的古老傳統技法。

在當時莊主José de Sousa於1969年過世後，這家同名酒莊一度陷入困境，莊主的遺孀繼承了酒窖，在1970年代新聘僱的釀酒團隊缺乏天分且對陶甕看顧不佳，陶甕酒的品質一落千丈。緊接著在1982年傳給了遺孀的兄弟，他是一位富裕的醫師但對葡萄酒完全沒有任何興趣。壓垮酒莊的最後一根稻草發生於1984年的秋天，三名員工意外死於酒莊，這突顯當時的管理是多麼鬆散。

在酒莊地下有個大槽，用於收集葡萄榨汁後剩餘的果皮與梗，再轉賣給蒸餾廠釀製白蘭地。當時其中一名員工爬入槽內卻沒事先確認內部是否有氧氣，這是個新手才會犯的錯誤，葡萄即使榨汁後剩餘的皮仍會持續進行發酵，這名員工就這樣爬入充滿二氧化碳的大槽內一命嗚呼，另兩名同儕接續爬入槽內救人，也一起喪命。

當時繼任的醫師莊主決定賤價售出酒莊，讓其他大型酒莊接手，最後由酒莊José Maria da Fonseca購入，這項併購除了能擴展José Maria da Fonseca的事業版圖，對酒莊的持有人Soares Franco家族來說也別具情感意義，因為他們就是來自阿連特茹。接管José de Sousa的Domingos

Soares Franco於加州大學戴維斯分校畢業後，本無意回葡萄牙接手José Maria da Fonseca的家族事業。但就父親的一句話，「我需要你」而讓他下定決心。

Domingos Soares Franco在康乃馨革命的隔年1975年離開家鄉，當時葡萄牙國內仍處動盪的時刻。他本想高中畢業後在葡萄牙攻讀釀酒學位，但他的家庭背景讓他吃足了苦頭。康乃馨革命後獨裁政體倒台，新上任的社會共產主義政權「武裝部隊運動」（Moveimento das Forças Armadas, MFA）企圖瓦解與打擊大型集團，並將之國有化，像José Maria da Fonseca這樣的企業被視為汙點，Domingos也受到牽連，因此無法在國內求學。

他本想轉往法國波爾多求學，但被告知得留在葡萄牙一年且學習法語，最後在機緣巧合下前往美國。在美國念高中6個月後，他成功申請到加州大學戴維斯分校的葡萄栽種與釀酒學系，並成為該系首位葡萄牙生。

1986年，Domingos接下家族剛收購的José de Sousa，當他第一次推開酒窖大門，意外發現12座佇立地面的陶罐，但這裡的空間看似曾容納十倍數量以上的陶罐。Domingos說：「當下我好像領略到了什麼，從那刻起，我決定成為陶甕酒釀酒師。」

Domingos畢業於釀酒名校，但釀製陶甕酒與課堂所學相去甚遠，他雖知道過往釀製陶甕酒的歷史，但究竟該如何操作，他卻毫無頭緒。Domingos不但得找到經驗老到的陶甕釀酒師，掌握陶甕酒釀製技術，他還必須找到更多陶甕。在1986年，幾乎已找不到製作陶甕的師傅，唯一的方式就是購入現有的陶甕，這些陶甕可能來自私家收藏、公園裝飾或古董商。購置的過程緩慢，但透過四處尋找，在1987至1988兩年間，Domingos為酒莊額外增添共120座陶甕，其中20座來自旁邊的酒莊。

儘管有了足夠的陶甕，Domingos的釀酒團隊也得花時間摸索釀造的技法，並學習如何照護這些年事已高的珍貴陶甕。Domingos回憶起某次他開車到酒莊，忽然聽到巨大的爆炸聲，他還以為是附近某處有炸彈爆炸，後來才發現竟是發酵酒液的陶甕爆裂。陶甕酒在發酵過程中產生的二氧化碳，會讓葡萄皮漂浮在發酵汁液上層形成酒帽，導致二氧化碳蓄積在陶甕內，一旦甕內壓力過大陶甕就會爆裂，所以推散表面酒帽讓二氧化碳液散相當重要。不僅如此，透過澆淋冷水控制陶甕發酵也是避免陶甕破裂的關鍵，迄今酒莊依然保存了這些發酵爆炸後的陶甕殘軀作為警惕。

時至1990年代中期，在Domingos的努力下，曾沒落的酒莊José de Sousa逐漸找回往日風采，旗艦款陶甕紅酒現已不稱作Tinto Velho或Garrafeira，而是稱為José de Sousa Mayor。葡萄在花崗岩槽內腳踩破皮，在陶甕內發酵完成後會移入舊木桶內陳年，主要品種為一度不受歡迎的黑格蘭（Grande Noir），但Domingos認為黑格蘭是混釀的關鍵品種。

然而，Domingos對於陶甕酒傳統的執著並非所有團隊的人都認同。其中一位成員Paulo Amaral在2005年加入並負責照顧葡萄園與釀酒，工作的頭幾年時常抱怨釀陶甕酒太不切實際，清理陶甕太麻煩。但時至2015年，酒莊終於能自信地推出以陶甕發酵陳年，完全未過橡木桶的Puro Talha酒款。如今，陶甕酒會明載於背標，並成為酒莊行銷部門積極談論的話題；曾經一度是難以啟齒的災難，現在反變成有魅力的銷售亮點。

新的聖杯

如果說Domingos在1980年代晚期購置120個陶甕已相當不容易，那現在幾乎是比登天還難。隨著陶甕酒傳統再度被重視，在阿連特茹與其他地區的大型酒莊不斷找尋購入19世紀製的古陶甕，這些陶甕價格水漲船高，一甕難求，市場上更謠傳製作傳統陶甕的技法已失傳，且已無製陶師從事此業。

幸運地是，當前還倖存幾位從祖父輩習得製作釀酒陶甕的師傅。在阿連特茹鄰近庫巴及維迪蓋拉的河賈村（Reja），António Mestre是現存少數仍能依循古法，採用手拉坯與泥條盤築法（coil-pot method）製陶的工匠，他早期從未製作超過一米高的釀酒陶甕。然而，在反覆實驗嘗試後，現已可製作容量達800至900公升的陶甕。來自海內外的訂單早已讓他應接不暇，遺憾的是，他的小孩住在國外，目前無人接班，他也沒找到合適的學徒。

另一位製陶師António Rocha，原本從事營造業，在2008年金融海嘯後丟了工作，當時他才五十幾歲，尚不到退休年齡且無經濟餘裕，他決定自學燒製紅屋瓦，燒瓦成為他主要的收入來源。某次朋友來向他訂製陶製水壺，他從中得知釀酒陶甕供不應求，臨近的酒莊不斷在市場上找尋與收購古陶甕，因此他決定嘗試燒製釀酒陶甕。

António Rocha的工作地就在維迪蓋拉路旁的大棚下，他個子不高，但渾身是勁，他先是搭建戶外柴燒窯，窯的外觀看起來就像個巨大的兔子窩且延伸至原工作處的地底。他逐步擴建柴燒窯，在反覆摸索實驗後終於燒製出第一個高達2公尺高的釀酒陶甕，但不料陶甕壁孔隙過大而無法釀酒，因此他也花了不少時間找出合適的陶土。如今，他無師自通，重現了百年前藝匠製陶工法，成功燒製出能夠販售的釀酒陶甕。

出人意料地，現今最有經驗的陶甕師傅，竟不在阿連特茹，而是在它西北邊，特茹河（Tejo）側的里巴特茹（Ribatejo）。José Miguel Figuereiro在托爾馬市（Tomar）附近的阿塞西塞拉村（Asseiceira）生活與工作，他的家族在此燒製釀酒陶甕已超過300年。

Figuereiro出生於1971年，自小就想跟隨父親腳步，燒製陶甕，雖然他的雙親希望他有更好的發展。他12歲時就離開學校，在父親工作處打轉，父親則告訴他：「你不應該在這裡，現在沒人需要陶甕了，你應該回學校好好讀書！」但Figuereiro不聽勸，表示他只想製陶，最終父親心軟妥協了，他說：「好吧，既然你不想去學校，那你最好認真學手藝，早上9點開始，晚上6點結束！」1984年，Figuereiro在13歲的時候，成功燒製出人生第一個釀酒陶甕，母親滿帶驕傲地表示：「這個陶甕是非賣品。」此陶甕現仍展示在家中。

釀酒陶甕的需求在1970年代跌至谷底，Figuereiro回憶起他父親當時的工作，多是從陶甕酒莊購回祖父輩製作的陶甕，然後轉售至歐洲其他國家作為花園擺飾。當時家中的拖車甚至堆滿了數百個容積100公升的小型陶甕。

其實陶器業在托爾馬市周圍有深遠的歷史。大約50年前，這裡仍保有羅馬時期的陶窯。Figuereiro所在的村莊甚至曾被稱為「陶土的應許之地」，他講述起200年前，凡是有Figuereiro姓氏的人，幾乎都是從事製陶業。奇怪的是，在陶土興旺之地，當地的人卻偏好用橡木桶陳年葡萄酒。Figuereiro坦承且笑著說：「我們在這裡做出最棒的陶甕，但卻使用橡木桶釀酒。」

Figuereiro在金融海嘯前曾僱有10名員工，在2009年不得不資遣他們。早在1985年，還有另外5位陶工，但他們也接連放棄了。Figuereiro認為這也是無可奈何的事，但他樂觀知足、不畏艱難的個性，注定成為此區唯一保留傳統製陶技法的陶師。問他為何要堅持，他回說：「製陶傳統存在我的血液裡，是我的畢生所愛。」

時至今日，Figuereiro的工作室包含他自己僅兩人，這意味著他無法製作超過600公升的陶甕，因為在窯內搬動這樣大小的陶甕需要超過兩人。在陶甕需求鼎盛時期，Figuereiro的工作室每週需製作150個陶甕，但現在產量剩下一半，且絕大部分是僅能裝一束花的裝飾陶器。市場對陶甕的需求在改變，Figuereiro表示：「20或30年前，還會有人訂購陶甕來釀酒，但後來他們逐漸忘記這項傳統，而只把陶甕當作擺飾用品。」 但到了2018年，他開始接收到較多釀酒陶甕的需求。

在2016年，Figuereiro接到職涯中最讓他驚訝的訂單，一位年輕熱情的釀酒師André Gomes Pereira與他碰面，並詢問他：「我想拜託您盡可能地製作最大的釀酒陶甕，內壁不塗環氧樹脂，我想用傳統方式釀酒。」這讓一向健談的Figuereiro驚訝地說不出話來。他印象所及，最後一次使用天然陶甕塗料已是30年前，當陶甕淪為花園擺飾後，內壁從此都改用環氧樹脂了。

Arlindo教授酒窖中的陶甕

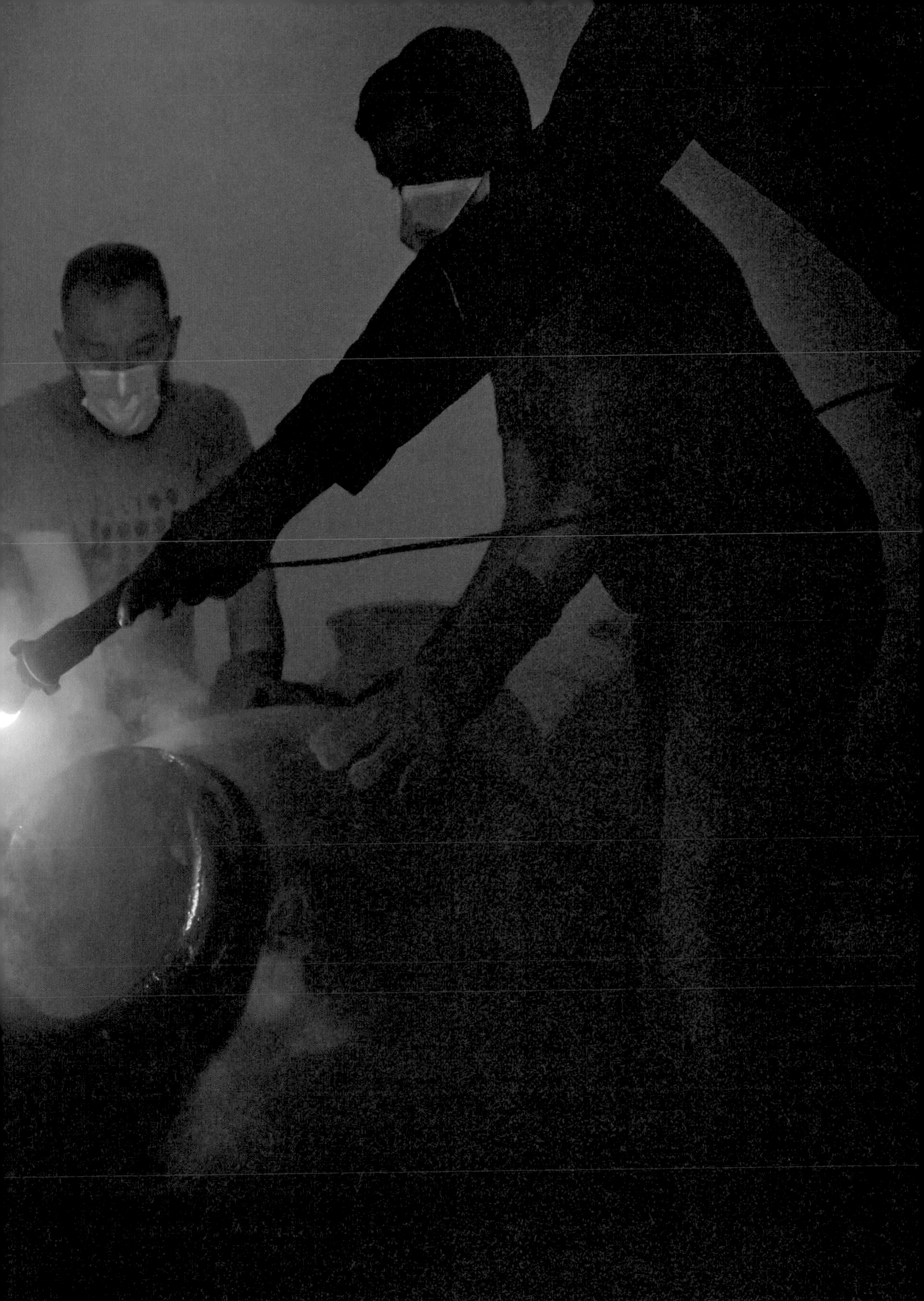

*José Miguel Figuereiro*在*Adega mestre Daniel*酒窖為陶甕重上傳統天然塗料

他回覆:「當年我父親製作釀酒陶甕時，就是使用天然塗料，但我已經許久沒用過了，甚至不知道上哪才能取得品質優良的天然塗料。」Figuereiro完全多慮了，因為他不知道眼前的Pereira，其家族已有五代的釀酒歷史，並且傳承了四代的天然塗料配方，全葡萄牙沒有人比他更瞭解天然塗料，因此Figureiro只需要製作陶甕並塗上塗料。

在2002年，Pereira從逝世叔叔手中接管已瀕臨破產的家族酒莊Quinta do Montalto，Pereira的叔叔雖對照護葡萄園相當有熱情，早在1997年就深具遠見地施作有機農法，但他不善於酒莊營運，Pereira解釋道：「葡萄牙加入歐盟後，叔叔無法提供相關文件與應付新的官僚系統。」

如今，酒莊大部分的收入來自於松脂相關產品。Pereira接手酒莊後，逐漸對古老的陶甕釀酒傳統感到興趣。在酒莊與歐倫村（Ourém）的周遭地區，自中古12世紀一間名為Tomareis的熙篤會修道院於此就有釀酒傳統，且此傳統被稱為Medieval de Ourém，也是Pereira口中簡稱的「中世紀葡萄酒」，為了依循古法釀酒，Pereira因此找上Figureiro。

相較於現代化釀酒，Medieval de Ourém的釀酒法讓人摸不著頭緒，紅白葡萄會分別在橡木桶內發酵，然後再混合在一起至發酵完成。紅白葡萄的比例也相當驚人，其中80%是白葡萄而另外20%為紅葡萄，與常見的葡萄牙淡紅酒或陶甕粉紅酒完全相反。然而，這些中世紀酒通常結構勻稱且顏色令人垂涎欲滴。Quinta do Montalto釀製的中世紀酒，其中80%為白葡萄品種是費爾南皮雷斯（Fernão Pires），20%為特林加岱拉（Trincadeira），酒具有香料、紅色莓果香氣，口感則有白酒的爽脆感與活力，且帶有明確的單寧感。

根據Pereira，這樣迷人的風格似乎只存在於世界上兩個地方，一是歐倫，另外一個則是西班牙北邊的瓦爾德佩納斯（Valdepeñas）。Pereira表示，早在葡萄牙加入歐盟前，在里巴特茹省這個地方曾有約2000名生產者釀製中世紀酒，但加入歐盟後，因法規通常不允許紅白葡萄共同發酵，導致這樣的酒無法在酒標上標示產區、年份與品種，也無法取得歐盟認證，中世紀酒生產者因而銳減，對於這種非主流的葡萄酒來說，官僚體系無疑是死亡之吻。

Pereira認為如此寶貴的傳統應當保留，所以他不僅在自家酒莊釀製中世紀酒，也創立協會召集其他志同道合的釀酒師，他們鍥而不捨地向官方單位請願，企圖創立專屬於中世紀酒的法定產區。終於，經過將近10年的努力後，他們在2005年終於成功，於里斯本劃出法定產區DOC Encostas d'Aire。此產區不僅允許紅酒、白酒與粉紅酒，也允許釀製曾被禁止的中世紀葡萄酒。

中世紀酒協會其實隸屬於更大的「葡萄牙酒遺產保留協會」（Associação dos Vinhos Históricos de Portugal），後者旨在幫助各產區保留傳統釀酒文化。欲復興陶甕酒的釀酒師們在2008年向葡萄牙酒遺產保留協會求助，尋求如何創立陶甕酒法定產區DOC Talha，Pereira也因此接觸陶甕酒文化。他語帶惋惜地表示，DOC Talha雖成功創立，但為讓部分大型酒莊便於行事，相關法規與部分陶甕釀酒師當初所設想的不同。

尤其是法規允許陶甕使用環氧樹脂這點讓Pereira感到相當荒謬，使用陶甕釀酒的核心就是透過陶甕讓酒微氧化。Pereira受到阿連特茹合作的同業影響，對陶甕極富想法，他想知道是否還有可能製作上天然塗料的新陶甕，因此找上José Miguel Figuereiro。Figuereiro答應製作5個400公升的陶甕，但其中一個在燒製過程破裂。Pereira透過在西班牙的表哥取得天然塗料，並成功塗於4個陶甕，Pereira表示，在西班牙的某些區域，也會使用此塗料塗於風笛內部。

實際上，塗抹塗料於陶甕內壁，工藝水平要求極高而且極耗費人力。首先，陶甕須先倒置於明火上緩慢加熱，Figuereiro說唯有透過觸摸才知道是否已達理想溫度。接下來，將天然塗料倒入並旋轉陶甕以確保能均勻地分佈在陶甕內壁。如果天然塗料包含天然樹枝、橄欖油與蜂蠟的成份比例有偏差，或內壁塗層不均勻過厚，都有可能會因此影響最後葡萄酒的風味。Figuereiro表示，他品嚐過太多受塗料影響風味的陶甕酒。

Pereira則認為，天然塗料之所以常會加入草本植物、月桂葉或蜂蜜，主要是遮蓋與掩飾塗料可能會帶給葡萄酒的風味缺陷。

儘管Figuereiro在2016年受委託製作陶甕時，對施作傳統塗料沒什麼把握，但時至今日他已駕輕就熟，越來越多人尋求他的協助。他是現存少數願意且具備燒製釀酒陶甕工藝，又能同時施塗傳統塗料的工匠，他滿是驕傲地提起最近幫某位客戶1783年製的陶甕重新施塗傳統塗料。釀酒師包含Daniel Pereira與Ricardo Santos都曾請Figuereiro重新施塗傳統塗料在他們的古董陶甕。

然而，部分釀酒師例如Pedro Ribeira（Herdade do Rocim/Bojador），認為1000公升的大型陶甕較適合用於發酵。在製陶師Figuereiro與António Mestre僅能製作較小陶甕的情況下，大型陶甕在二手市場中仍是搶手。此外，他們的訂單已大排長龍，短期很難再提升規模來應付日益增加的需求。

在陶甕酒復興的風潮下，阿連特茹有越來越多釀酒師投入釀製陶甕酒，然而市場現存的百年陶甕數量正快速銳減，不僅如此，擁有古董陶甕的賣家也因此不願售出，或許等到Figuereiro能提升產量或António Rocha能再精進大型陶甕的燒製，才能改善供不敷求的狀況。在近30年的摸索後，阿連特茹人終於明白他們其實坐擁金山。

José Galante, Adega Zé Galante

第七章

大西洋風土
Terra

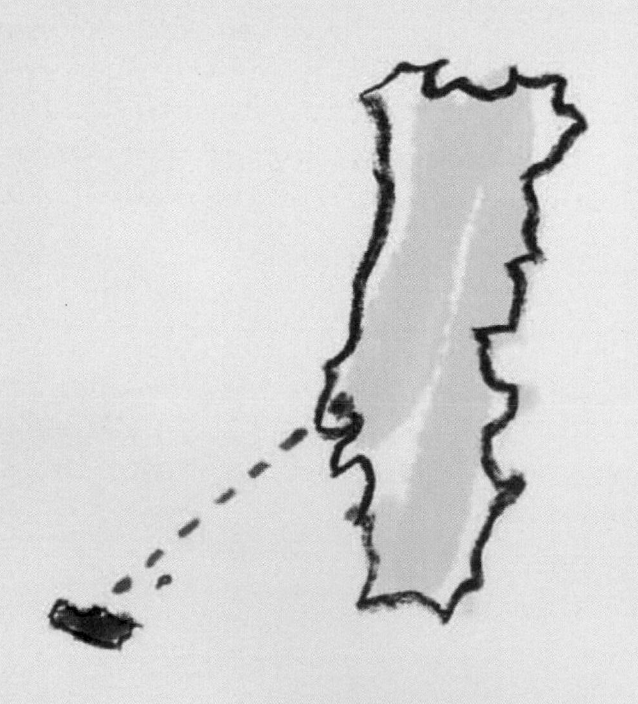

羅卡角（Cabo da Roca）雖是遊人必訪，但並非典型的旅遊景點。初次來到此地的遊人，其旅程一般從一個擠滿遊覽車的小停車場開始，接著沿著一條灌木叢生的步道前行，途中會看到豎起十字架的紀念石碑，臨海處僅有一道低矮的石牆以防有人失足落入大西洋。若天氣晴朗，旅人可將一覽無垠的湛藍海景收進眼底並自拍，再尋訪懸崖邊的小路或鄰近的燈塔。

羅卡角的自然人文景觀稍嫌乏味，但在地理位置上，卻是歐洲大陸最西端，因而吸引觀光客前來。在葡萄牙漫長的海岸線中，此處最突出於大西洋，從里斯本出發向西北方驅車45分鐘即可抵達。被狂風吹拂幾分鐘後，即可明白一棵樹或一株葡萄藤在此處生長有多麼不易。葡萄藤和蘋果樹園就座落於幾分鐘車程之外，但卻不易發現，因為在強風中，果樹採取風阻最小的姿勢而低伏於地面。

在臨海沙丘區的葡萄園本為歷史悠久的葡萄酒產區，名為科拉雷斯（Colares），以盛產風格清爽、陳年潛力極佳的大西洋葡萄酒而聞名。科拉雷斯一度被譽為葡萄牙的波爾多，在19世紀的葡萄牙文學中經常被提及，其葡萄酒產業在20世紀初進入黃金時代。然而，從1960年代開始，當地人逐漸不敵房地產開發帶來的巨大誘惑，該地區的絕大多數葡萄藤都被拔除，取而代之的是整片的渡假屋。時至今日，大多數人提起羅卡角時只知辛特拉-卡斯凱什（Sintra-Cascais）自然公園，科拉雷斯則漸漸淪為葡萄牙酒地圖上一個不起眼的小點。然而，這個現今沒沒無聞的小地方，在幾經曲折仍存留於今的故事就如同此地的葡萄酒一般，令人嘖嘖稱奇。

在科拉雷斯葡萄園的*Francisco Figueiredo*

沙質土壤

Francisco Figueiredo在科拉雷斯葡萄酒業處於最低谷的時候倖存下來。Figueiredo出生於里斯本，父母在1990年代初舉家搬到了科拉雷斯國家公園附近，這讓年輕的Figueiredo有機會深入瞭解這個地區。Figueiredo曾一度考慮過前往杜奧（Dão）釀酒，但一次偶然的邂逅讓他走上了不同的道路。1999年，Figueiredo必須完成他釀酒學程其中的一個環節，並撰寫關於葡萄樹灌溉的論文。作為研究的一部分，他在阿連特茹（Alentejo）進行了葡萄園試驗，並在那裡遇到了另一位年輕的葡萄酒教授José Vicente Paulo。Paulo當時剛剛成為科拉雷斯地區合作社（Adega Regional de Colares）的執行董事，他建議Figueiredo可在採收季節前往當地葡萄園進行研究。Figueiredo如約而至，並愛上了這裡獨特的葡萄園和葡萄酒。於是他留下工作，成為酒窖團隊一員，並在2003年成為首席釀酒師後持續工作至今。

Figueiredo和Paulo在90年代末一起營運酒窖，當時合作社的發展正面臨轉折點。合作社在葡萄牙加入歐盟之前實際上是國有資產。1994年後，所有權移交給了合作社員工，但他們可能高興不太起來，因為合作社此前已拖欠葡萄農的薪資長達五年，並積累了大量的債務。此外，由於自1934年以來，合作社產酒後只做轉售大宗葡萄酒的生意，而未推出自有品牌，所以缺乏自有產品可供出售或變現。

合作社創建於1931年，由於市面充斥冒名科拉雷斯的贗品葡萄酒，合作社成立之初的職責就是要遏止亂象，成為科拉雷斯葡萄酒的可靠來源。薩拉查政府在1938年更進一步強化合作社，授予合作社釀酒專營權，並強制要求該地區所有想售出葡萄的果農與合作社配合。

時至今日，葡萄酒愛好者若打開任何一瓶珍貴的科拉雷斯葡萄酒譬如Visconde Salreu 1974、Viúva Gomes 1969或Chitas 1955時，均必定為當年合作社釀造的葡萄酒。這樣的貼牌販售方式並沒有什麼難以啟齒之處，儘管在1970年代與80年代，產出酒的品質略有下降，但其實合作社長期一直致力釀造忠於風土、高品質的葡萄酒。與葡萄牙其他產區的合作社不同，科拉雷斯合作社維持傳統且長期堅持以低干預方式釀酒。儘管傳統使用的花崗岩發酵槽最終被不鏽鋼槽取代，但葡萄酒仍維持傳統陳年於大型舊木桶內，且釀造過程中完全不使用商業酵母或其他添加劑。

在1930年代，合作社鼎盛時期每年生產約110萬公升的葡萄酒，在深邃且佔地驚人的酒窖中，任何時候都有大約70萬公升葡萄酒存放在50多個桃花心木大桶中陳年。當時的酒商，如Viúva Gomes、Paulo da Silva（Chitas）和其他現在早已結束經營的眾多酒商，都會來到合作社的酒窖選酒，然後運往自己的酒窖進一步陳年，最後再各自貼牌裝瓶銷售。

1930年代是科拉雷斯的鼎盛時期，但隨著重要市場巴西因1929年的金融風暴和大蕭條而經濟崩潰，科拉雷斯的衰頹也自此拉開序幕。第二次世界大戰後，該地區的葡萄農開始有了更多職業選擇，於是紛紛選擇放棄照護葡萄園，這其實並不令人意外。Figueiredo將科拉雷斯當時葡萄園的照護方式稱為「英勇無畏的農法」。辛特拉周邊地區的沙質土在不同的歷史時期，既曾扮演科拉雷斯的救星，也曾是難以移去的絆腳石。該地區沙質土壤平均深度為一到兩公尺，在特定地塊，甚至可以深達五、六公尺。如此深度恰好可以阻止歐洲葡萄酒業的惡夢——根瘤蚜蟲的入侵，根瘤蚜蟲無法通過如此深的沙層到達葡萄樹根部。但厚厚的沙層也帶來挑戰，即葡萄樹必須更深入根植於沙層底部的粘土中方可存活，這意味著種植者必須挖穿沙層才能在粘土層上挖掘種植坑。

在當時的生產條件之下，果農只能用水桶和鐵鍬，以手工完成全部作業。在沙層中挖掘深坑是一項極其危險的作業，從當時拍攝的照片中可以清楚看到，工人們均頭頂著籃子作業，這也算是一種陽春的施工防護措施，若種植坑兩側沙堆坍塌時，籃子可以保護工人，讓他們在窒息之前還有寶貴的幾分鐘時間爬出沙坑。

最後，一旦葡萄樹的根部固定在粘土中，就會在最初的幾年裡快速成長，而沙層也會漸漸回填入種植坑中。隨著葡萄樹成長，葡萄藤的成長也會迅速展開。當地的葡萄種植一大特色為不使用任何栽種棚架系統，因為任何棚架都無法抵抗足以撕裂沙丘的疾風。這裡的風勢強勁，連大多數小昆蟲都難以飛行，葡萄樹也免於許多空氣傳播疾病的危害。這裡的葡萄藤即使已低伏地表，仍需要借助防風竹籬來避免風害。科拉雷斯的風土條件鑿刻出獨一無二的葡萄園形式，完全有別於波爾多（Bordeaux）、納帕（Napa），或阿連特茹的葡萄園。

此外，與葡萄藤共生的蘋果樹也趴伏在地，果樹零星的排列使科拉雷斯的葡萄園一眼看去像一個個廢棄的菜園或野生荒地保護區，只有在夏天能稍辨認出葡萄園的存在。入夏後，當地人會使用短木棍（pontões），撐起蘋果樹枝和葡萄藤，使它們離地面足夠遠，而避免感染黴病。在這樣的條件下採收葡萄，無庸置疑地是在摧殘背肌，葡萄產量也極低。

在1930年代，科拉雷斯地區在沙質土上葡萄園種植面積達1800公頃，但隨著房地產開發和渡假屋風潮在60年代開始風行，葡萄園很快被拔除殆盡。當開發商開出高價收購土地時，這種勞動密集型的微薄回報就失去了吸引力。與此同時，市場也對科拉雷斯的葡萄酒失去了興趣。當Figueiredo和Paulo接手合作社經營權時，科拉雷斯葡萄酒清瘦、帶鹹感與低酒精度的特點已不再有市場吸引力。相反地，風潮轉移到風味更濃醇香的葡萄酒，過桶夏多內與Robert Parker葡萄酒的時代已經全面到來，科拉雷斯頓時顯得與當時風潮格格不入。

到1999年，也就是Figueiredo第一次到果園幫忙採收那一年，科拉雷斯的葡萄園種植面積僅剩12公頃，這個規模還比不上波爾多地區隨便一家酒莊。不僅如此，當時的合作社財務不佳，情況相當艱困。Figueiredo形容，若想扭轉當時的頹勢，「勢必要進行一場小規模的革命」。

由於合作社大部分的產能空置，酒桶空空如也，Paulo意識到合作社需要創造另一種營利方式，於是他重新規劃陳放木桶的酒窖，使其成為一個活動空間，可供多達600人在此聚會，直到今日仍可舉辦活動。剛好在同年，辛特拉市政府終於意識到歷史悠久的科拉雷斯產區即將步入滅亡，其僅剩最大的葡萄園眼看即將被鋼筋混凝土覆蓋。在1980年代末，Tavares & Rodrigues是一塊近9公頃的葡萄園的業主，但該公司（其葡萄酒以「MJC」名貼牌裝瓶）當時已明顯對葡萄酒產業失去信心，且公司背後的支持者，全球飲料巨頭Allied Domecq，也威脅將該地脫手出售給開發商。市議會拼命接洽願意接手葡萄園的組織。最後，終於等到位於里斯本，名為東方基金會（Fundação Oriente）的文化基金會出手相助。該組織從前葡萄牙殖民地的澳葡政府博弈合約獲取分潤。雖然澳門回歸後，澳葡政府與當地娛樂業者賭約已不再，但基金會手裡的資金顯然相當充裕。

Figueiredo承認，一開始，他對合作社的前景仍感到相當悲觀。儘管有東方基金會的資助，但各方現況對重振科拉雷斯葡萄酒產業仍非常不利。隨著葡萄牙加入歐盟，葡萄園的種植者終於有機會藉由歐盟的VITIS補助計畫取得充足的資金。

但這項對葡萄園升級改造的補助資金，卻限制葡萄園須種植嫁接美國砧木的葡萄樹才可申請。根據科拉雷斯當地DOC法規，葡萄酒必須來自未嫁接的葡萄樹，這就與歐盟的要求產生了衝突。DOC法規本意為保護科拉雷斯的偉大傳統，並慶賀其在根瘤蚜蟲災害中取得的勝利，但這項1908年訂定的法規似乎反而使該地區陷入了困境。Figueiredo回憶起當時的兩難境地仍會感到沮喪。他說道：「這實在是愚蠢至極，最需要協助的產區竟無法取得重大的投資契機。」歐盟的另一項迂腐規定也對該地區造成進一步打擊，即不允許葡萄品種與地區名稱相同。科拉雷斯馬瓦西亞（Malvasia de Colares）是當地獨特的葡萄品種，但種植者卻不能在產品標籤上清楚標示，僅能含糊地印上馬瓦西亞（Malvasia）字樣。

Paulo花了十年時間向歐盟請願，試圖讓VITIS的資助規則得到改變。最後，終於在2016年取得豁免，使科拉雷斯得以從這項已經進行了30年的資助計畫中受益。雖然這項改變無法完全扭轉產業頹勢，但希望已開始出現，科拉雷斯已從懸崖邊緣被拉回，現在，已有大約26公頃葡萄園和27名種植者重新恢復種植。此外，Figueiredo還額外做了一些調查，並推翻了一個當地的迷思，即科拉雷斯當地人認為所有適合種植的土地均已被開發殆盡。他發現，其實仍有大約350公頃的土地可用於種植葡萄樹。然而，這些土地過於零碎，分別由大約2000名不同的地主持有。

Figueiredo有種堅忍的精神，同時也相信冥冥中自有安排。儘管該地區的未來並不明朗，但他仍然堅持不懈，致力於合作社釀出高品質的葡萄酒。他曾以其特有的安靜和低調的方式說道，比起1999年時，他現在的心態變得更加積極。這種變化是有原因的。市議會最終制定了法規來遏制開發商的慾望，儘管還是有人會批評這些法規不夠嚴格。修法後，產區範圍內的任何土地所有者擁有的土地若少於一公頃，都不允許進行土地開發。雖然這並不能阻止狡猾的開發商轉而收購相鄰的地塊，然後將其合併開發，但到目前為止，這項規定似乎還是有效抑制葡萄園轉化為房產的趨勢。

儘管土地開發暫被遏制，但不斷上漲的地價仍是個大問題。科拉雷斯DOC內的沙質土壤是非常有價值的特點。Figueiredo和酒莊Casal Santa Maria的釀酒師Jorge Rosa Santos進行合作時，甚至都談到了每公頃60,000至100,000歐元的價格，當地沙質土比在幾公里外的其他內陸黏土產區要貴5到10倍，這對任何想在科拉雷斯發展的人來說，都是一個難以跨越的障礙。

雖然Figueiredo和他的同行們還在逆境中苦苦支撐，市場對葡萄酒的品味卻已悄然改變。Figueiredo從2015年左右，看到市場對科拉雷斯酒的興趣陡然增加。瞬時間，來自美國或斯堪地納維亞半島的年輕侍酒師紛紛來到合作社求購，銷量直線上升，葡萄酒狂熱分子也開始收購老年份的葡萄酒。這是一種循環變化，也可能是葡萄酒品味的世代交替使然。早在2012年時，知名的加州釀酒師Jerry Luper在談到科拉雷斯時，曾尖銳地對該產區的留存表示輕視與質疑，他當時說道：「如今，在自然條件下生產，酒精含量無法超過11%的葡萄酒，實難被視為佳釀」。然而，十年之後，新一代的自然葡萄酒愛好者的品味已然改變，他們熱愛更輕盈、更新鮮、更容易入口的葡萄酒。此外，如果說1990年代是葡萄酒同質化和全球化的時代，那麼21世紀則在更大程度上探索特殊、與眾不同的葡萄酒。

從古至今，科拉雷斯絕大多數葡萄酒都是紅葡萄酒，選用葡萄牙國內也少見的原生品種拉米斯科（Ramisco），口感上通常有高單寧，略帶鹹感與豐沛酸度。在上市前通常至少要經過七年的陳釀，在桃花心木桶中的漫長孕育，會讓拉米斯科額外發展出甘草和雪松的風味。更為罕見的科拉雷斯白酒則採用原生品種科拉雷斯馬瓦西亞葡萄，通常帶有明亮酸度和明顯的鹹感，年輕時可呈現飽滿酒體且果韻豐富，甚至散發迷人芳香。科拉雷斯的酒從來不會過於厚重或成熟，但其鮮明的特色以及非凡的陳年潛力，往往讓科拉雷斯的愛好者們興奮不已。尤其是科拉雷斯的紅葡萄酒，其特有的酒體結構與酸度，即便歷經陳年依然可保風華。

寡婦戈麥斯

若想瞭解科拉雷斯葡萄酒不朽的風味，可以品嚐1930年代的科拉雷斯老酒，這些酒許多都保存在艾摩薩吉美（Almoçageme）村的Viúva Gomes酒莊酒窖中。該酒莊由「寡婦戈麥斯」（the widow Gomes）於1808年建立。酒窖的正面令人驚歎，全以葡萄牙的傳統花磚或瓷磚覆蓋。不僅如此，酒窖內部也同樣令人印象深刻，抬頭可見高聳的天花板與硬木橫樑，儘管大型的桃花心木桶佔據酒窖一大半，但空間仍不感擁擠。室內的門和深色木框的玻璃窗一樣精雕細琢，讓人不禁聯想起維多利亞時代的火車站。

Viúva Gomes酒莊曾幾度轉手，在1930年代早期經營者為José Maria da Fonseca，當時JM Fonseca公司還擁有後來成為科拉雷斯釀酒合作社總部的建築，但JM Fonseca很快就對科拉雷斯失去了興趣，並將Viúva Gomes

酒莊賣給葡萄牙最大的橄欖油生產商Azeite Gallo。自此，Viúva Gomes酒莊僅能勉力支撐，並在1970年代停止營運。此後又經過十多年，才終於等到José Baeta入主。Baeta家族從事食品經銷數十年，主要業務是為小型雜貨店和小型超市供貨。但到了1980年代，隨著大型超市的興起，José Baeta眼見零售市場開始衰退，於是決定退出食品行業，並轉而投入葡萄酒產業。以當時的眼光看來，購買一間科拉雷斯酒莊可能不是最顯而易見的好選擇，但這就是他在1988年所做的決定。他的兒子，即未來酒莊的釀酒師，Diogo也於該年出生。

收購Viúva Gomes酒莊除了獲得美麗的建築，酒窖裡更裝滿了本世紀最優質且產量最高年份所生產的葡萄酒。這裡有數千瓶1931年、1934年、1960年代末的葡萄酒可供銷售。此外，他也與合作社達成協議，一同裝瓶1990年代生產的新酒。但José Baeta面臨的挑戰十分嚴峻，因為這些葡萄酒的市場接受度極其有限。在轉機到來之前，Baeta不得不耐心等待。到了2012年，Baeta已經厭倦盯著酒窖裡的存貨，並開始擔心1969年產的科拉雷斯馬瓦西亞白酒的陳年潛力逐步下降的問題，於是他以低廉的價格出售且迅即被搶購一空[47]。

隨後，José Baeta開始體驗Figueiredo在2015年見證的風潮。突然間，全世界的葡萄酒愛好者都想獲得老年份的科拉雷斯。於是，José Baeta開始限量發售他剩餘的庫存，他認為風向的轉變是由於新一代的葡萄酒評鑑崛起。傳統的酒評家從未對高酸度風格的科拉雷斯給予好評，而新興的葡萄酒部落客則興致勃勃地描寫葡萄酒世界中一些鮮少被青睞的角落，比如科拉雷斯。

當我們在2019年造訪酒莊時，一名工作人員正勤快地為一小批預備出售的葡萄酒貼上標籤。她小心翼翼地在酒瓶上標貼並加上蠟封時，可以看到這些老酒的年份，1969年、1967年、1965年、以及幾瓶最珍貴的1934年。José Baeta的庫存裡已沒有任何1931年的老酒了，稀缺珍貴的1934年也只剩下最後約150瓶。經常有藏家或酒商想一次收購全部庫存，但José Baeta總是一口回絕。反之，他堅持原先規劃，每年釋出一小部分數量。收藏一瓶科拉雷斯陳釀是藏家夢寐以求的願望，因為此酒獨特非凡，即便是老年份，依舊保有新鮮和緊緻口感，很難想像一款拉米斯科到底須陳年多久才會進入適飲期。

---

[47] Ryan收藏了幾箱1969 Colares Malvasia並表示每次開瓶就像在抽獎，既期待又怕受傷害，因為每5瓶會有4瓶過度氧化，但酒況好的那瓶美得不可方物。

在*Viúva Gomes*酒莊，工作人員為1934年的紅酒貼標

科拉雷斯沙質土（chão de areia）的葡萄園其實相當稀少，但此區有許多黏土土質（chão rijo）[48]的傳統葡萄園存在，根據法規，這些葡萄不能用於釀製Colares DOC葡萄酒，而僅能被歸類為里斯本區葡萄酒。José Baeta的兒子Diogo為酒莊開展新頁，他購入葡萄園，種植生長在黏土而較為入門的馬瓦西亞。此外，他也推出Pirata系列葡萄酒。Pirata系列採取更低人為干預、更自然的釀造方式，只使用野生酵母，且不經過濾就直接裝瓶。儘管Pirata的馬瓦西亞白酒並非使用生長於沙質土的葡萄釀造，卻完美呈現了大西洋涼爽氣候帶來的美妙鹹味。經過三年尋找合適的地點，並處理繁雜的官方手續後，Diogo終於在2019年於科拉雷斯區的砂質地塊種下新的葡萄園，總面積雖僅有3000平方公尺（0.3公頃），但在科拉雷斯看似逐漸被混凝土吞沒的情勢下，他踏出了扭轉乾坤的重要一步。

科拉雷斯21世紀現況

目前有三個酒莊自釀且推出自有品牌的科拉雷斯(Colares)葡萄酒，他們分別是Ramilo、Casca與Fundação Oriente，其中東方基金會Fundação Oriente在買下Tavares & Rodrigues近9公頃的葡萄園後，依然保留舊標酒名MJC。Ramilo與Casca的酒價相當昂貴，反映極低產量與酒的稀缺性，其中Ramilo的葡萄園為自有，Casca則透過收購取得釀酒葡萄。

Adega Viúva Gome、Adegas Beira Mar-Paulo da Silva (Chitas)與Casal Santa Maria皆向科拉雷斯合作社購買酒再運至自有酒窖陳年。特別的是Casal Santa Maria向科拉雷斯合作社購買破皮榨汁後的馬瓦西亞葡萄用於釀製科拉雷斯馬瓦西亞（Malvasia de Colares）白酒。

科拉雷斯合作社年產量大約為1萬公升，意味著酒窖內其中約12至14個桃花心木大桶將裝滿酒液，Francisco Figuereiro期盼著未來的某天，酒窖裡所有大桶皆滿載酒液，重拾往日榮景。

• • •

從科拉雷斯驅車半小時，即可抵達更鄰近里斯本的沿海城鎮卡卡維洛斯（Carcavelos），如今它或多或少已經成為附屬於首都里斯本的市郊。這裡美麗的海灘是衝浪勝地，從1960年代開始即吸引豪華酒店和公寓開發商入駐。
卡卡維洛斯曾經是一個享負盛名的葡萄酒產區，與科拉雷斯、布塞拉斯（Bucelas）、塞圖巴爾（Setúbal）有同樣的地位。如今，它已成為一個不幸的前車之鑑，提醒人們科拉雷斯可能的下場。卡卡維洛斯最後一個酒莊

[48] Chão rijo葡語意為「硬土」，然而此稱謂為當地人用於區別沙質土的說法，實際上為黏土。

Quinta do Barão在1990年代因道路拓寬工程而走入歷史。然而在1980年代，奧埃拉什區（Oeiras）重新種植了約12.5公頃的葡萄園，且歸屬於龐巴爾侯爵莊園，市政府則於1997年接管了葡萄園的管理，並推出名為Villa Oeiras的加烈酒，在龐巴爾宮（Pombal's palace）的酒窖中陳年。除了此項文化遺產保護計畫，市場上偶爾也會出現桶陳許久再裝瓶的舊年份酒，當地的酒莊Quinta da Ribeira de Caparide也仍在生產靜態酒；然而，除此之外，已超過15年沒有新的卡卡維洛斯酒問世了。

毋庸置疑地，比科拉雷斯更為小眾的卡卡維洛斯酒，在風格上，可能更接近於馬德拉酒。傳統上，用於釀製卡卡維洛斯的葡萄園通常混種紅白葡萄，於發酵過程中加烈，使酒精度可達到20%左右，並在木桶中陳年發展氧化風味。就風格而言，它具有老茶色波特酒的複雜度與柔和質地，同時帶有極迷人的酸度，就如馬德拉群島的塞西爾（Sercial）或維岱荷（Verdelho）一般。但卡卡維洛斯能否如科拉雷斯在過去十年中那樣浴火重生？看來近乎不可能。主要是因為幾乎所有未開發的土地都已預定用於進一步建設。此外，相較其他任何種類葡萄酒，加烈酒在當今已毫無疑問地走向衰微。

馬德拉群島

馬德拉群島上的酒莊似乎對近代葡萄酒喜好的轉變仍渾然不知，且仍幾乎只專注於生產同島名的加烈酒——馬德拉酒。就產量而言，馬德拉酒每年的總產量約在300萬到400萬公升之間，相較其他產區，這是一個微不足道的數量，僅不到波特酒年產量的二十分之一，甚至不到里奧哈（Rioja）一個主要酒廠產量的四分之一。

馬德拉群島據稱在14世紀末首次被發現，自1420年以來便一直是葡萄牙領土。島上聚集著數座休眠火山，環境鬱鬱蔥蔥，氣候溫和，人們可能會把它與更南端的加那利群島（Canary Islands）或遙遠的亞速爾群島（Azores）相提並論，但馬德拉群島的自然條件顯然與這兩處截然不同。此處屬亞熱帶濕潤氣候，適合香蕉、蔬菜和各種水果生長，島上特產是百香果。然而，馬德拉群島並不特別適合種植葡萄，由於涼爽的西風吹拂，和長年縈繞在島嶼中心的雲層遮擋，島上並無極端氣溫，給予了葡萄短暫的生長季。

馬德拉島懸崖邊的梯田式葡萄園（*poios*）

馬德拉群島傳統上種植的白葡萄品種，包括塞西爾、維岱荷、布爾（Bual）、特倫太（Terrantez）、馬瓦西亞等都有不易成熟的問題，酒精度往往難以超過9%。

正如作家和烈酒愛好者Alex Liddell在他的《馬德拉：大西洋葡萄酒》（The Mid-Atlantic Wine）一書中所述，17世紀的馬德拉島靜態酒有時可能用晚收的葡萄製成，或釀造時刻意進行氧化增加複雜度，如果葡萄是在正常的成熟度下採收並且發酵至無殘糖，那麼釀出的酒會較清瘦且酸度高。在17世紀下半葉，隨著馬德拉島與印度間的航運貿易變得頻繁，商人們注意到馬德拉酒在航運的數月過程中，透過暴露在高溫環境與船艙內的反覆震盪，風味反而會得到提升。當地人相信這樣的航海旅程會賦予葡萄酒獨特的風味，於是乎，在接下來的150年裡，一桶桶的馬德拉酒被送往漫長的海上航行，並在旅途的往返間刻意地被氧化，形成馬德拉酒的獨特風格，因此又稱為「往返旅程的酒」（Vinho da Roda）。與此同時，加烈酒的釀造技術也逐步發展，酒已可被加烈至酒精度17%至20%。到了19世紀，模擬船艙高溫環境的加熱技術發展純熟，人們利用加熱槽或混凝土槽燉煮酒，可以快速和方便地使馬德拉酒發展出以往漫長海上旅程才能產生的風味。然而，使用「加熱法」（estufagem）製成的葡萄酒並非最高品質的馬德拉酒。在島上自然溫暖的木造酒窖中進行長時間、緩慢的木桶陳釀，即所謂的「窖藏法」（vinho canteiro），才是釀造頂級馬德拉酒的首選技術。

一般認為很大程度上，馬德拉酒的獨特風味全拜製程所賜，而非來自葡萄園特性，若有機會，只要品嚐一些未加烈的馬德拉餐酒就能證明此說法。馬德拉酒愛好者們所津津樂道的複雜堅果風味和鹹味，以及令人目眩的琥珀色澤，均與葡萄無直接關係，甚至也不一定與基酒有關，陳釀過程就是秘密的全部。但問題也在這裡，每年銷售的絕大多數馬德拉酒都是相對入門，經過加熱法處理的三年馬德拉[49]，通常採用產量高的紅葡萄品種黑莫樂（Tinta Negra Mole）釀製。自從傳統品種受根瘤蚜蟲感染而大幅減少後，黑莫樂已在馬德拉占據主導地位。三年馬德拉酒大量銷售到法國、德國和比利時等市場，但並非拿來飲用，而是用於烹飪。

在2002年之前，廉價的非產地原裝馬德拉酒可直接出口，並占該島總產量的40%之多。現行規定則是，非產地原裝酒必須先改變出口名目，如添加鹽或

---

[49] 根據IVBAM的數據。Paulo Mendes的說法是，3年馬德拉酒約占總銷售容積85%。

其他調味品，然後以食品出售給餐飲公司。

十年以上的馬德拉酒風味售價較高，但也更為出眾，且毫無疑問地為單一品種酒，早期只能選用四種歷史悠久的白葡萄品種，分別是塞西爾、維岱荷、布爾、馬瓦西亞，而品質較一般的黑莫樂葡萄則在2016年被允許標示為單一品種馬德拉酒[50]。十年馬德拉酒就如同茶色波特酒一般，並非用於調和的馬德拉酒平均年齡為十年，而是透過調和老酒或較新的馬德拉酒，達成十年應有的風格。逐漸稀少且昂貴的20年、30年和40年馬德拉酒也是此法調製。這些通常是真正美妙的葡萄酒，但只占市場的一小部分，最多也許只有5%。

單一年份馬德拉酒更是鳳毛麟角，陳釀5至19年後裝瓶的馬德拉酒被稱為colheitas，陳釀20年以上的則稱為frasqueiras。透過加烈、長期緩慢的窖藏法陳釀，刻意但受控的氧化，這些單一年份馬德拉幾乎可說是堅不可摧。某些特定的馬德拉甚至在木桶中陳釀一個世紀或更長時間，當酒液在木桶中長時間陳放會逐漸蒸散，可能導致過度濃縮，這時酒莊可能會將不同木桶但同年份同品種的馬德拉酒併桶，然後導入細頸玻璃瓶陳放，如有機會品嚐，就能體會馬德拉酒的風味有如詩歌所歎：「此酒只應天上有，人間能得幾回聞」。僅僅看到標籤上寫的古老年份，就會給人一種莊嚴感，但神奇的是，這些陳年葡萄酒依然保持著非凡的新鮮度，有時100年的馬德拉酒，其果味比起20年馬德拉酒甚至更豐富。

然而，以上並不是大多數馬德拉酒飲用者所能享受的體驗。正如一杯衰退的奶油雪利酒（cream sherry）可能使好幾代人都對赫雷斯產區（Jerez）的雪莉酒倒盡胃口一樣，一口廉價的三年或五年馬德拉酒也不可能使大多數葡萄酒愛好者愛上馬德拉酒的風味。這是馬德拉酒的惡性循環，當大多數酒客難以接觸到真正優質的馬德拉酒，要如何吸引新受眾呢？在過去，優質的馬德拉酒是任何晚宴或上流社會活動的重要飲品，但生活步調更加緊湊且關注健康的現代，人們對加烈酒漸漸敬而遠之，而島上的葡萄酒產業也讓人感覺還停留在過去時光。島上分散式的匿名種植者和生產者的銷售模式，多少顯得不合時宜。在這個時代，葡萄酒愛好者希望獲得更多資訊，也想深入了解種植的細節，但馬德拉一直頑固地拒絕改變。由單一種植者照料葡萄樹、進行釀造和陳年，並且最終將其投入市場的精品行銷概念在島上可謂不存在。

---

[50] 在2016年之前，黑莫樂品種名不被容許出現在酒標上。

陳釀中的馬德拉有官方IVBAM封條

在過去的一個世紀裡，島上的許多酒莊或Partidistas （只販售酒給其他酒莊的非出口型生產者）紛紛倒閉，許多葡萄酒公司也進行了整合，到現在，島上只剩八家酒莊仍在持續生產和銷售馬德拉葡萄酒。Blandy's是一家英國公司，也是現存最古老的一批馬德拉酒莊之一，它曾合併許多其他品牌，包括Cossart Gordon、Leacock、Gomes，現在則以馬德拉葡萄酒公司（Madeira Wine Company）的名義進行交易，這個公司名稱原本屬於馬德拉葡萄酒協會，在Blandy's取得對馬德拉葡萄酒協會的控股權之後，即歸屬於Blandy's。Justino's是目前產量最大的酒莊，自1993年以來一直由法國飲品巨頭La Martiniquaise全資擁有。而另一家酒莊Henriques & Henriques的經營權也會在現任首席執行長Humberto Jardim去世後，自動移交給La Martiniquaise。Pereira d'Oliveira目前仍保持完全獨立經營[51]，為當地最有歷史意義的酒莊，且從不出售大量廉價的非產地原裝酒或基本款的三年馬德拉酒，只產出和銷售高品質的窖藏馬德拉酒。該公司在豐沙爾（Funchal）的酒窖值得一遊，在那裡甚至仍然可購買到能追溯至1850年的葡萄酒。H.M.Borges的規模較小，但也是獨立經營，是一家高品質的馬德拉酒生產商，它的酒窖離IVBAM的辦公室只有幾分鐘的路程。

最後的三個酒莊，按照馬德拉的標準，都是新來者。J Faria & Filhos公司成立於1949年，主要生產水果利口酒和蘭姆酒，從1998年起才開始銷售馬德拉葡萄酒（最初由P. E. Gonçalves生產），大部分的產品均在島上流通或於葡萄牙本土銷售。Barbeito公司於1948年成立，而Madeira Vintners經營時間最短，於2012年成立。

---

51 Blandy's與Madeira Wine Company為同企業，波特酒大廠Symington Family Estates曾擁有大量股份，但在2011年後股份減持至僅10%。

Barbeito：第一次大膽創新

仔細研究Vinhos Barbeito網站的酒莊歷史，可能會讓人大感驚訝。酒莊成員除Barbeito家族的三名人員之外，還列出了一名加拿大商人和一名日本企業老闆的名字。其實，自1991年以來，Barbeito一直由木下企業（Kinoshita corporation）持有50%的股份，加拿大商人Sebastian Teunissen則曾任木下企業的董事。

木下企業之所以收購Barbeito的股份，起因是Barbeito在1980年代的一次危機。Mario Barbeito於1946年創辦Barbeito，最初並不從事生產，所操作的只是不斷收購其他在地酒商的老酒庫存，最老的品項可追溯至18世紀。Mario Barbeito的專業是會計，他明智地將賭注押在馬德拉陳年葡萄酒的價值上。他的女兒Manuela從1970年代開始接手公司經營，並將重點轉移到生產廉價馬德拉酒。在當時看來，這是個合理的轉變，但這個決定也使酒莊在1988年遭受沉重打擊，因為來自其他更大型酒商的同類產品競爭，使Barbeito公司難以匹敵。

Manuela的兒子Ricardo Freitas在里斯本大學獲得歷史學位後，成為一名歷史教師。他在1991年加入了這個陷入困境的家族企業，並提出了解決其財務困境的方案。Ricardo認為公司應停止銷售廉價馬德拉酒，並進行融資以改變經營方向，儘管他的母親相當猶豫，但最後還是放手讓他去嘗試。此時，自1967年以來一直是Barbeito日本進口商的木下企業，在商業之外雙方的關係非常緊密，木下公司順勢就入股了Barbeito。Ricardo自此便專注於公司的釀酒業務。自1990年代以來，他不斷鑽研，採取了明智、創新的商業策略。

Ricardo為酒莊產品線打造了鮮明風格，其中，高酸度葡萄酒為其代表性產品。雖然Barbeito在豐沙爾已有一處酒窖，但由於面積過於狹小限制了發展可能。2008年，Barbeito遷移到位於卡馬拉德洛布希（Câmara de Lobos）山上的新址。更大的空間帶來了更多的試驗。Ricardo開始嘗試使用已經有一個多世紀無人使用的石槽釀造葡萄酒。此外，某些特定白葡萄也採用帶梗與帶皮發酵。在Barbeito寬敞的木閣酒窖裡閒逛是很有趣的體驗，酒桶上的粉筆寫著坎地亞馬瓦西亞（Malvasia Candida），這是一種從希臘流傳到島上的珍貴葡萄品種，酒窖裡還存有更為罕見以近乎絕種的特倫太葡萄馬德拉酒，以及數桶經過認證的有機馬德拉酒。Ricardo指出，由於白粉病的威脅，有機葡萄種植極具挑戰性。

Ricardo的歷史專業也發揮了助力，他在深入瞭解小島的歷史之後，於2004年重新引入巴斯塔多（Bastardo）這個優異紅葡萄品種，並打造了許多優質酒系列，譬如「50年陳釀」就是Ricardo新創的高階品項。

Barbeito的創新動力，使其在馬德拉葡萄酒業界中成為唯一一間成功立足傳統，並走入現代的公司，也是唯一一間真正以產品創新為核心的酒莊。但就在這近幾年，隱約浮現了一個挑戰Barbeito的生產者。

Madeira Vintners：不僅是女性釀造

若要在馬德拉葡萄酒業界選出一位曾帶來巨大震撼的人，那一定就是Paulo Mendes。Mendes是出生於馬德拉的管理顧問，最早在里斯本開始他的職業生涯。在他的第一個孩子誕生之後，他決定搬回島上並隨即在豐沙爾農業合作社（Cooperativa Agrícola do Funchal, CAF）任職。該合作社不是一個會員組織，而僅是銷售務農用品與農產品的連鎖店，同時還提供農民和葡萄種植者相關建議和諮詢服務。1999年，當Mendes接任CAF執行董事時，合作社已經瀕臨破產。

然而，Mendes成功以一己之力扭轉乾坤，到了2008年，公司非但轉虧為盈，且照他的說法是「現金堆積如山」。與此同時，他也愛上了馬德拉酒，並開始籌劃讓CAF擴大投資，建立自家酒廠。當時，IVBAM有著嚴格規定，即任何新加入的生產商都必須擁有至少120,000公升的馬德拉葡萄酒庫存。這是一個不小門檻，Mendes馬上想到了一個規避的方式，他開始嘗試迅速購入大量的舊酒庫存。他向島上所有的酒莊寄送了文情並茂的求購信，但大多數人沒有理會，最後只有兩封回函，信中明確拒絕出售任何庫存。隨後，CAF開始試著收購老字號馬德拉酒莊H.M. Borges。然而，這筆交易在審慎調查階段就胎死腹中，因為雙方對H.M. Borges在豐沙爾中心歷史悠久酒窖的估值無法達成共識。Mendes沒有灰心，這段時間他抽空完成了葡萄酒專業訓練，在網上修習加州大學戴維斯分校的葡萄酒行銷和釀酒學位，還在波爾多完成了葡萄酒行銷MBA課程。

在2012年，Mendes終於得到了屬於他的機會。由於這一年葡萄大豐收，促使IVBAM同意豁免庫存規定，並准許CAF成為馬德拉酒生產商，好讓CAF可以吸收一些市場上多餘的葡萄。Mendes也在此時結識了Barbeito的Ricardo Freitas，後者同意讓CAF在新建的Barbeito酒莊生產第一個年份的葡萄酒。這顯然是一個交換條件的交易，Freitas的想法是，他無法收購所有過剩的葡萄，但他也不想讓一些優秀的葡萄農失望，因為如此一來，他們可能會不想在來年向他提供葡萄。因此，Freitas和Mendes商定的交易對雙方都有利，並促使CAF以Madeira Vintners公司的名稱於2012年成功進入馬德拉葡萄酒市場。那年的葡萄供過於求，Mendes最終購買了比原先規畫多兩倍的數量，隨後並於島南側的聖維森特（São Vicente）的IVBAM所擁有的酒廠中釀造了第二批葡萄酒。這卻是一次不愉快的經歷，他表示：「我覺得葡萄的黴斑實在太多了。」

Mendes認為，馬德拉葡萄酒業界對其入門級產品有著莫名自滿，他說道：「大多數的三年馬德拉酒遠遠沒有發揮其最佳潛力」他並補充道，「如果你在採收期間來到馬德拉，看看葡萄運送到酒廠的狀態，你就能輕鬆發現問題所在。」Mendes堅認，歷史悠久的馬德拉酒生產商還能選擇用庫存的老酒來做調合，以糾正或掩蓋品質缺陷。他還列舉了許多葡萄品質的問題，特別是灰黴病，又稱貴腐菌，是馬德拉的一大問題，只要採收日期延誤幾週甚至僅僅是幾天，這些問題就很容易發生。因此，Madeira Vintners身為一間沒有老庫存的新酒莊要想獲得成功，就必須開創出自己的路線。Mendes認為，就算是入門的三年和五年馬德拉酒，也都必須堅持高品質，把關標準必須要比市場上的任何其他馬德拉酒莊更高。

偉大的葡萄酒始於優質的葡萄，因此Mendes開始與少數注重葡萄品質與手工採收的葡萄農建立穩固的關係。從2013年起，他與20個他認為可以提供高於平均品質的果農簽訂了三年供應合約。這種作法相當前衛，在當時，酒廠和種植者簽訂獨家合約的做法是前所未聞的，島上幾乎所有其他生產商都是通過仲介在現貨市場上收購葡萄。在2013同年，Madeira Vintners獲得歐盟配給基金100萬歐元的挹注。Mendes也著手將酒莊現代化與更新，他購置了許多較小型的不銹鋼發酵槽用於小批量釀製，且相當注重酒莊的衛生條件，他認為後者是「上個世紀葡萄酒領域最關鍵的進步」。最重要的是，他轉而使用分揀台來處理葡萄，丟棄的葡萄總量可達到5%到10%之間。淘汰不適宜釀酒的葡萄是世界上許多其他高品質葡萄酒產區的標準流程，但在島上卻沒有普及。

Mendes和CAF董事會之間不和的第一個跡象也在2013年出現。Mendes發現，島上最古老的在地酒莊之一Artur de Barros e Sousa正尋求頂讓出售。Mendes認為酒莊開的是非常合理的售價，他表示：「不僅酒莊建物低於普通公寓價格，且現有庫存簡直是破盤價」。Mendes本想以私人名義買下這家企業，但CAF以利益衝突為由否決了這個想法。最後，他仍設法說服了CAF董事會主席，至少應該收購該公司寶貴的老酒庫存。可惜的是，交易最終仍宣告破局。原來Mendes雖一直被告知談判持續進行，但直到最後他才從一個局外人處聽說Artur de Barros e Sousa早已賣給同行d'Oliveira公司。

2014年期間，Mendes為Madeira Vintners公司展開一系列宣傳，邀請葡萄牙、英國、瑞典的記者參觀酒廠，並深入報導他的一系列革新舉措。Mendes也讓記者們桶邊試飲，儘管還需要再一年的時間才能將這些基本的三年馬德拉葡萄酒裝瓶。然而，CAF董事會對這位「自以為是的顧問」所進行的革新越來越不滿，他們希望Madeira Vintners公司能夠維持傳統的運作方式。2014年底，董事會主席José António Coito Pita決定嚴加管控公司，並親自擔任管理職務。2015年初，董事會通過一項動議，改變了合作社及其子公司Madeira Vintners公司的管理結構。從2015年3月起，董事會成為完全的執行者，Coito Pita掌有更實質的管理職權。Mendes知道這意味著他創新路線的終結。正如他後來所說，他自己和Coito Pita兩人「會讓CAF變成一個雙頭怪物」。Mendes於2015年3月辭職，並在宣佈辭職的24小時後離開了公司。

然而，Mendes在離開公司之前，已為公司安排了一組團隊，其中一位是名叫Lisandra Gonçalves的年輕釀酒師。她出生在馬德拉島上，從小就清楚知道葡萄酒是她想從事的職業，儘管她的母親不認同，並希望她成為一名護士。Gonçalves曾在阿連特茹體驗葡萄採收，然後前往紐西蘭和普羅旺斯進一步學習，並於2015年進入Madeira Vintners。團隊的另一個關鍵成員是Suzanne Pedro，她是一名法裔葡萄牙人，自2004年以來一直在CAF擔任財務總監。隨著另外兩名農學家Micaela Martins和Cristina Nóbrega的加入，團隊制定了全新的行銷策略。據Pedro回憶，這起初並非一個刻意的決策方向，但他們意識到，在Mendes正式離開後，核心團隊已經全為女性，那麼何不繼續在此基礎上進一步發展，使之成為一個與眾不同的特色？

Senhor Amaro

於是，Madeira Vintners順勢將自己打造為「女性釀造的葡萄酒」。一開始，這個概念並沒有獲得馬德拉酒業界廣泛認可。Luís d'Oliveira對這一想法感到困惑，他認為在背標上寫上「女性釀造」是「一個錯誤」。當然，Madeira Vintners的女性核心團隊背後還有許多的果農和酒莊員工，而這些人並非全為女性，因此，這樣的口號難免會引發爭議。總體來說，業界對這種現代經營手法似乎仍抱持懷疑觀點，畢竟幾個世紀以來，這個行業一直以堅守傳統為標榜。所幸，Madeira Vintners迄今為止推出的一系列馬德拉酒均相當優異。Mendes對品質的堅持已得到了回報，三年和五年的馬德拉酒具有良好的集中度和純淨果味，如此優秀的入門款，即便是知名馬德拉酒莊也都很難達成。此外，該公司還決定將其馬德拉酒加烈至法規允許的最低濃度，酒精度僅17%，呈現更輕盈、更清新的風格。但若要主張如此精巧的特點與女性釀造的概念有關，可就有失公允，因為目前Madeira Vintners釋出的馬德拉酒於2016年裝瓶，實際上是在Mendes的監督下，透過製程改變與注重葡萄品質使然。

隨著目前的團隊逐漸站穩腳跟，Madeira Vintners的未來發展勢必非常有趣。Gonçalves對2022年將首次釋出的十年馬德拉酒感到興奮。然而，根據Mendes的觀察，董事會已經廢止了許多他最初的改革舉措。其中值得注意的是，與優質果農簽訂的合約未被續約。Pedro、Gonçalves、Martins和Nóbrega都有自己的挑戰要面對，但Madeira Vintners確實有潛力創造出獨一無二的馬德拉酒。

離職後，Mendes沒有繼續葡萄酒事業，他在里斯本創建了一個成功的手工啤酒廠後，隨後擔任管理顧問一職，並在島上擁有一座小型蒸餾酒廠，他說這是他的退休規劃。

干型酒與馬德拉餐酒

正如葡萄牙斗羅河的大多數釀酒師和果農並不真正愛喝波特酒一樣，許多馬德拉的果農最不想看到的，可能正是一瓶馬德拉酒。蓬茶（Poncha）於是成為當地一種受歡迎的解渴雞尾酒，這款雞尾酒以當地甘蔗製成的蘭姆酒，加入鮮榨檸檬汁、蜂蜜或糖，是當地酒吧的必備飲品。島上的種植者自己也會釀造簡單的餐酒，稱為vinho seco（干型酒）。IVBAM嚴格禁止種植者向公眾出售這種餐酒，這無疑是為了保護寶貴的馬德拉酒旅遊市場。然而，vinho seco完全可以說是正宗的馬德拉葡萄酒，就如同義大利拉吉歐（Lazio）或翁布里亞（Umbria）大區風格粗獷的浸皮白葡萄酒，或從陶甕引流直接飲用的阿連特茹傳統陶甕酒。此種酒相當平實家常，釀製手法簡單且僅供果農自行飲用。通常使用的葡萄為美國雜交品種，當地人稱其為「Americano」。

我們試飲了一位退休長者Amaro自行釀的vinho seco，他為人熱情健談，在島上的卡馬拉德洛布希（Câmara de Lobos）地區某個陡峭的山坡上種植了一塊約0.2公頃的黑莫樂葡萄園。Amaro用口音略重的葡萄牙語表示，他在1977年買下這塊土地時，這地已遭廢棄。他種植葡萄是興趣使然，畢竟當時種葡萄肯定不會有穩定收入。現在，種植葡萄則是他的退休娛樂。他和妻子住在坡頂，他們的住屋與山壁融為一體。他自製的黑莫樂葡萄酒呈半透明的紫色，渾濁且略帶酸味，但散發迷人花香，這是他在自有的小酒窖裡釀製，釀造環境條件雖粗糙，但這對夫婦樂於享用此酒，而且很樂意拿它招待朋友和旅人。這款酒在自然酒酒吧出現也許不會顯得突兀，儘管風味簡單質樸，但百分之百忠於原味與風土。

Amaro的葡萄園和島上大多數的葡萄園一樣，都擁有令人驚歎的美景。在三月，會生長一片亮黃色的酢漿草（erva azeda）[52]、蠶豆和野草。他的葡萄藤整枝法採棚架式，葡萄高懸在棚上以防黴斑侵襲。外人光是從山腳爬到頂部的陡峭平台就已經氣喘吁吁，更不用說做勞動或採收葡萄了。儘管如此，與島上的許多葡萄園相比，他的葡萄園所在位置算是小巫見大巫。島上還有許多小而陡峭的石階梯田（poios）葡萄園立於山丘之上，在島上連綿的懸崖上蜿蜒排列。走過這些懸崖絕非兒戲，在某些地方，懸崖之下500公尺即為大西洋。站在馬德拉島南邊卡波吉朗崖（Cabo Girão）的平台上，在海拔近600公尺的懸崖之下，可以看到梯田式的葡萄園出現在峭壁上，乍看會讓人以為只有搭乘直升機才到的了。在馬德拉島的此情此景，似乎為「英勇無畏農法」一詞帶來了全新的定義。

在靜態酒生產領域，馬德拉島也在不斷探索新方式。1999年，IVBAM在聖維森特建立了一個酒廠，用意是幫助缺乏資金或土地來創建自己酒莊的釀酒師。該設施的功能很像一個釀酒合作社，委託合作社的葡萄農可以在設定的範圍內選擇釀造方式。

---

[52] 亮黃色酢漿草（erva azeda）又名為Oxalis pes-caprae或African wood-sarrel。

然而，二十年後，島上依然只有為數不多的十幾個人選擇使用這種生產路徑，其中包括幾個主要的馬德拉托運商。負責該設施生產作業的釀酒師是João Pedro Machado。João Pedro留著一臉鬍子，是一個認真、略帶緊張的年輕人，在他的管理下，酒廠在一套相對較無彈性的釀造原則下運作。他解釋道，酒廠在採收季節會變得非常繁忙，因為不同葡萄農的採收都要分別釀造，所以到了秋季，酒廠通常會有多達30多個不同的發酵槽在運轉。有些酒的產量很小，僅有200公升。

他的釀酒遵循傳統發酵流程，所有的發酵都使用商業酵母，絕大多數的葡萄酒都添糖以增加1%至2%的酒精度。João Pedro略帶無奈地表示，如果他使用可預測性較低的野生酵母來釀造，將會造成眾多葡萄酒發酵進度不一致，而光靠他一個人根本無法時時監控。他補充道：「我只想晚上好好睡個覺。」由於財務和後勤的限制，酒廠本身無法購置橡木桶，因此當葡萄農希望他們的葡萄酒中有橡木桶風味時，João Pedro會在發酵過程中使用橡木片共同發酵，或將橡木片泡入已發酵完畢、靜置陳年的酒槽中。此外，也有三到四名葡萄農自行投資購買屬於自己的橡木桶，這些橡木桶在酒窖裡皆有各自的酒莊標示。

可想而知，這座酒廠生產的葡萄酒品質參差不齊。當白葡萄在自然條件下僅能成熟至酒精度9%或10%的糖度時，就在發酵過程中添糖，再發酵至完全干型的風格。然而這樣的製程，對葡萄酒的風味並沒有任何幫助，如此釀造的葡萄酒往往口感稀薄，缺乏特色。紅葡萄酒的狀況似乎稍好一點，通常釀造的葡萄是生長在島上較溫暖的微型氣候下。Ilha和Terras do Avo是兩個難能可貴且值得關注的生產者，他們生產的葡萄酒相當值得一嚐，前者採用單一黑莫樂品種釀製紅酒，後者則採用混釀。最大的餐酒酒莊Barbusano生產的氣泡酒口感清爽，但可惜沒有更多亮點。

考量世界其他火山地區生產的葡萄酒所產生的熱潮，看看西西里的埃特納、希臘的聖托里尼島、或亞速爾群島的盛況，馬德拉群島迄今為止的餐酒產量屬實令人失望。實際情況是，到目前為止，除了Blandy's推出掛名Atlantis[53]的葡萄酒外，再沒有葡萄酒農擁有正規釀造酒廠。

---

53 Atlantis系列葡萄酒僅略優於IVBAM在聖維森特設立的合作社酒廠，其中Atlantis rosé粉紅酒是表現較亮眼的酒款。

此外，大多數葡萄農的重心，仍放在供應大量葡萄給馬德拉酒生產者。島上只有2%的葡萄用來釀製餐酒，大多人認為這僅是一個小市場。這些葡萄酒絕大多數在當地販售給遊客，出口量微不足道。

然而，這裡的葡萄酒絕對有發展的潛力。馬德拉群島可以向外界講述更多關於火山、大西洋中的亞熱帶島嶼、以及在石階梯田上冒險種植葡萄等引人入勝的故事，並大力行銷其特殊的風土條件。不僅如此，這裡充滿有趣的原生葡萄品種，其中一些品種為馬德拉島獨有，且此地特殊的氣候條件利於釀造輕盈、低酒精度的葡萄酒，此特點也越來越受年輕一代的葡萄酒飲用者的歡迎。也許馬德拉葡萄酒正需要一位先行者來開創新局，如Josko Gravner、Luís Pato、Frank Cornelissen的人會在哪裡呢？有時，只要一位充滿激情的釀酒師挑戰既有的傳統，就能震驚產業，走出困局。

馬德拉島北邊有一位葡萄農Terra Bona創建了一個小莊園，他準備專注於釀製葡萄酒而非販售葡萄。在本文撰稿時，他的小酒莊只是一個建築工地。很難說Terra Bona是否會成為催化劑，為馬德拉島葡萄酒帶來更多工藝與風土的詮釋和想像。但該島的餐酒產業確實正等待著有遠見的人來領導，將馬德拉島的自然風土淬鍊於葡萄酒之中。馬德拉群島確實與亞速爾群島有幾分相像。雖然亞速爾群島一度遭受根瘤蚜蟲重創，但在過去的幾十年裡已經大致恢復元氣。在皮克島（Pico），一個規模不小的合作社已成功重新生產出優質葡萄酒，但更多精采的作品來自於日益增加的獨立生產商，特別是Azores Wine Company和Adega do Vulcão的葡萄酒。皮克島和馬德拉群島的不同之處在於，皮克島的葡萄酒業並無過往輝煌的加烈酒歷史與產業，較無傳統束縛。

對於大多數馬德拉群島的葡萄農來說，售出葡萄是一個輕鬆的現金來源，也是從事葡萄種植的好理由。農民在慢步調中渡過美好的田園生活，馬德拉酒莊也願意支付高價收購葡萄，何樂而不為？遊客市場支撐了馬德拉酒產業，當地人在酒吧享用蓬茶雞尾酒，一般務農家庭享用自釀的vinho seco，這些酒各司其職且互不相斥。在海外，美國和英國的鑒賞家們對珍稀的古董馬德拉酒仍是讚譽有加，他們的讚嘆也是理所當然。但即使如此仍存在風險，那就是馬德拉酒可能會步入其他歷史悠久加烈酒的後塵，如瑪薩拉酒（marsala）或卡曼達蕾雅酒（commandaria），最終成為一種烹飪配料和葡萄酒歷史中的一個註腳。變革之風輕輕地吹拂著島嶼的海岸，感嘆的是，幾乎沒有人認真看待它所提出的警示。

第八章

繼往開來，前程似錦
Bom Dia!

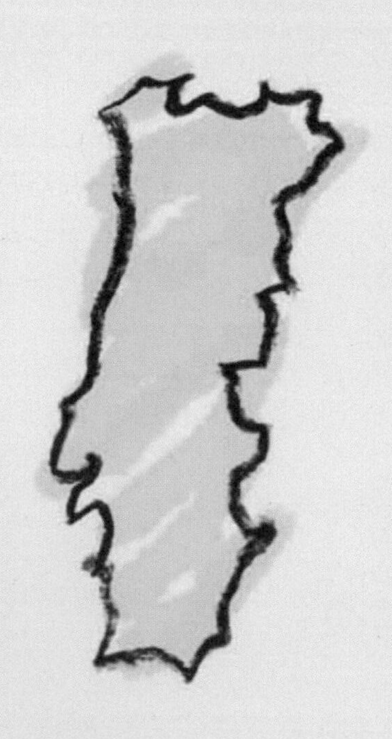

在三十多年前的葡萄牙，從事釀酒或葡萄園相關的工作並不是明智的職業選擇。1990年代，葡萄牙農業急劇萎縮，已然無法與歐盟眾多食品生產商競爭。彼時，旅遊業開始取代農業，成為前景看好的產業，並不斷吸收大量來自葡萄園的勞動力。葡萄牙的年輕一代更是雄心勃勃，追求大學學歷之餘，更紛紛移居富裕的歐盟國家，以尋求更好的機會和更高的薪資待遇。與此同時，在葡萄牙國內，里斯本和波爾圖等大城市亦產生強烈磁吸效應，除吸引大量農村外移人口之外，跨國科技企業也看中其科技優勢，紛紛於該地設立總部，當時與富裕的歐盟國家相比，葡萄牙普遍薪資水準仍偏低，因此顯得極富吸引力。

在2008年金融危機以及2011年歐債危機後，發生了政黨輪替等一連串事件，葡萄牙國內政治和經濟情勢再次發生變化。當時有許多人受新自由主義和財政緊縮政策的影響，選擇跳脫傳統職業或另尋其他收入來源。更重要的是，相較前人，千禧世代有更多機會創建獨立酒莊，甚至能吸引來自歐盟的資金挹注。於是，以往將葡萄交給當地合作社釀酒的傳統小型家庭莊園紛紛藉此良機轉型為精品酒莊。1986年後，進入葡萄酒產業的方式變得更為多元。在以前，初出茅廬的釀酒師只能進入釀酒合作社或大型商業酒莊（如Esporão或Sogrape）慢慢一路往上爬，而現在，他們可以在世界各地旅行，然後建立自己的酒莊。如果能繼承幾公頃的葡萄園無疑是件好事，如果沒有，也不乏廢棄的葡萄園可供租賃，甚至直接購買現成的葡萄也行。

此種產業發展態勢在里斯本地區最為明顯。里斯本地區舊稱為埃斯特雷馬杜拉（Estremadura），曾長期處於低迷狀態，並大量生產廉價葡萄酒，但也因如此，才能出現轉變的契機。

里斯本區為葡萄酒產區，範圍遠較里斯本市為大。該地區北至菲蓋拉達福斯（Figueira da Foz），即百拉達區（Bairrada）內一個過度開發的海濱度假小鎮，並向南延伸至里斯本市不斷擴大的都會區。

自1950年代以來，此地區酒業發展一直受到大型釀酒合作社掌控，且受控程度甚至連杜奧地區都難以望其項背。幾十年來，他們的主要生意就是生產廉價白酒，並出售給葡萄牙的殖民地，特別是安哥拉（Angola）。然而多年來，這個市場一直在走下坡路，但模式依然如故。一組數字即可道盡里斯本地區的故事，即當地的巨大產量中，只有不到10%的葡萄酒裝瓶為DOC酒，大多本地產的葡萄酒都歸入法規更寬鬆的Vinho Regional或普通餐酒類別。部分原因是里斯本地區的許多歷史悠久的子產區，如布塞拉斯（Bucelas）、科拉雷斯（Colares）、及卡卡維洛斯（Carcavelos），長期以來一直有出口產量不穩定與葡萄園縮減的問題，且一直以來不甚注重葡萄酒品質。這種狀態持續了很長一段時間。在1992年出版的《葡萄牙的葡萄酒和釀酒師》一書中，Richard Mayson對這個當時被稱為歐斯特（Oeste）的地區沒有什麼好評價。他寫道，「這些鬱鬱蔥蔥的大西洋葡萄園大部分葡萄酒都被製成無名的混合酒，裝在塑膠瓶蓋的五升裝酒瓶中出售。這些酒在葡萄牙各地的路邊小酒館或小餐館中隨處可見，在世界各地任何有葡萄牙人出沒的地方都能看到。」

然而，到了21世紀，里斯本區冒出許多充滿奇思妙想的釀酒師與酒莊。雖然其產量與合作社時期相比微不足道，但Humus、Vale da Capucha、Vinhos Cortém、Casal Figueira等酒莊已作出卓越貢獻，葡萄園皆以有機或生物動力法耕作，在葡萄牙其他地方幾乎不可能找到類似的產業聚落，他們的努力已成功使里斯本地區成為全球關注的葡萄酒產地。

Humus與志同道合的朋友

Rodrigo Filipe是一個話語不多，但笑容滿面的人。從他黝黑的皮膚可知，他最覺得自在的地方是葡萄園，而不是接受酒業記者的訪談。酒莊的莊園名為Quinta do Paço，位於奧比多斯（Óbidos）分區的山坡上，是里斯本最涼爽多風的一處。羅德里戈的父親出於興趣愛好，在1988年開始自釀葡萄酒且獨立裝瓶，並在1991年開墾三公頃的葡萄園，迄今Rodrigo仍在照護。2000年，由於父親已力不從心，所以Rodrigo從大學畢業後就返家幫忙，偶然發現，釀酒正是他心之所繫的未來。

在葡萄牙如果要說是誰推動了「零干預」釀造法，那Rodrigo必是其中一人。Rodrigo雖沒有接受正規的釀酒教育，但他大量閱讀父親的釀酒藏書，並積極參加當地的課程。他很快發現，他所接觸的釀酒觀念包含「應添加什麼」或「應修正什麼」等傳統方式釀出的酒，與他的喜好和口味不符。然而，數次拜訪西班牙和法國釀酒師朋友使他瞭解到了最小干預釀造葡萄酒的可能性。到2007年，Rodrigo將莊園改為有機耕作。同年，酒莊Humus誕生了[54]，這個響亮且適切的酒莊名正是他妻子的建議。2008年，他首次嘗試在不添加任何二氧化硫的情況下進行釀造和裝瓶，並不再使用商業酵母進行發酵。Rodrigo先向我們坦承這一切並非一帆風順，這些年來，我們確實也嚐過他的一些不穩定的葡萄酒，但Rodrigo沒有放棄堅持，他釀的葡萄酒風格清爽，極富特色，酒標傳遞出大膽和原始狂野的想法，也因此在葡萄牙本土之外有廣大酒迷。

Rodrigo可謂創意無限，他的創造力在第一次嘗試釀製橘酒時即展露無遺。當時，由於缺乏足夠的白葡萄進行實驗，他便採用國產杜麗佳（Touriga Nacional）去皮榨汁後的汁液，並加入用於釀製白葡萄酒的白蘇維翁（Sauvignon Blanc）和愛玲朵（Arinto）榨汁後的果皮，浸皮於國產杜麗佳汁液中。此款橘酒於2016年首次推出，風味優異且與眾不同，單寧滑順，並帶有明確的胡椒刺激感。

儘管Quinta do Paço地處偏僻，但Rodrigo與理念契合的釀酒師和朋友們創立了一個小型社群。其中之一是Luís Gil，他與Rodrigo合作，但也有自己的酒莊名為Marinho，目前雖僅推出兩個年份，但品質相當傑出且前景看好。幾分鐘的路程外是另一個略顯古怪的莊園，名為 Vinhos Cortém。該莊園由英國人Christopher Price和他的德國夥伴Helga Wagner創建[55]，他們利用休耕了30年的土地，從一開始就進行有機種植。這對夫婦選擇種植當地少見的紅葡萄品種，例如珍拿（Jaen）、卡本內（Cabernet Franc）與小希哈（Petite Syrah）。他們保留了小塊葡萄園栽種維歐尼耶（Viognier）和白蘇維翁，並用於釀製橘酒。他們的葡萄酒沒有繁複製程與高科技，也完全不使用橡木桶，成品卻相當出色。他們夫婦倆原本從事電影與電視錄音相關工作，和Rodrigo一樣，開始釀酒時也沒有接受任何正規釀

---

54 在Humus創立前，Rodrigo與其父親以Encosta da Quinta 作為酒莊名。

55 Price 與 Wagner在2019年售出了酒莊，但依然住在莊園內。

酒知識訓練，而是向村裡的鄰居和葡萄牙其他釀酒師尋求建議。可惜該酒莊並沒有獲得應有的關注，或許是酒標設計稍嫌過時而受到忽略。

Casal Figueira

從Vinhos Cortém向西南走，即會抵達Casal Figueira酒莊，這裡的風格大不相同，關注的重點是幾乎被完全忽視的當地原生品種。António Carvalho於1995年開始在父母的莊園工作，且採用生物動力農法耕作葡萄園。他的妻子Marta Soares是一位藝術家和畫家，於1999年來到莊園。當時，Soares一直在尋找一個安靜的處所來作畫和思考，她對Carvalho「在葡萄園的故事」很是著迷，不久兩人墜入愛河，Soares也因此放棄到紐約深造藝術的計畫，而接受了釀酒。儘管她沒放棄繪畫，但實際上卻成為Carvalho的「酒窖左右手」。

然而，看似美好的田園風光很快就面臨許多問題。由於Carvalho當時的釀造風格原始、純淨忠於風土的葡萄酒與市場需求脫節，導致這對夫婦於2003年申請破產。隨後，在西班牙生活和工作了一年後，他們因Carvalho的父親去世而再度回到家族莊園，但財務問題再次無情地迫使他們在2007年出售了房子和土地。由於Carvalho和Soares堅持想待在這地區生活並繼續釀酒事業，於是他們轉而尋找其他的機會。然而，資金有限，他們的選擇並不多，Soares回憶：「我們真的沒有錢！」。最後，透過家族關係，他們終於在莫泰君多山（Serra de Montejunto）的南北坡發現了一些古老的葡萄園，在北邊的地塊種植維特（Vital），這是一種該地區傳統的白葡萄品種，但普遍不受重視，通常只用於混釀，即便如此，他們還是與這些莊園的主人們談妥了合作。

這對夫婦的磨難並未就此結束。他們在2008年釀造首年份的維特白酒，但在第二年，Carvalho就因心臟衰竭，在踩踏紅葡萄時不幸離世。這一事件令人震驚，儘管Soares承認Carvalho確實有健康問題，但於43歲的盛年死去仍令人難以接受。Soares說：「儘管悲慟，但這並不算是悲劇。」她將Carvalho描述為「一個極其固執的人，但充滿熱情且對心之所向的任何事物毫無保留」。此外，她也感慨地說道：「Carvalho到去世前都仍在做自己熱愛的事。」雖然這是一件對Soares有著巨大衝擊的事件，但在2009年，她沒有時間多想。她說：「葡萄已踩踏榨汁，發酵即將開始。」她掙扎思考了三分鐘後，決定必須繼續釀酒。

Soares利用她與丈夫一起工作的十年經驗，全心投入釀酒。她承認，在釀酒的同時，還要照顧兩個年幼的孩子和維持她的繪畫事業，其挑戰可謂艱鉅。但也正如她所說，「藝術創作者擁有自由，但葡萄酒工作者沒有，大自然不會等待。」因此，一旦酒窖需要清理，葡萄需要採收或是葡萄酒需要換桶時，繪畫事業就不得不擱置。Soares的釀酒事業相當仰賴直覺。Carvalho是一位訓練有素的釀酒師，但Soares所有的釀酒知識都是通過觀察和實踐而來。她笑著說：「António非常討厭機器，但作為一個藝術家，我對它們沒有成見。」因此，與2009年相比，現在她的酒窖多了一些設備。儘管如此，她仍繼續以最低干預的方式來釀造葡萄酒，這不僅僅是出於對山坡上美麗葡萄園的喜愛，也是延續丈夫長久以來堅持的理念。她將最重要的維特白酒命名為「António」以紀念丈夫。

Soares訪談時，儘管經過一天的辛勤工作，但她坐在酒窖裡，身穿皮夾克，抽著煙，外表和談吐都像一個藝術家。她已習慣談論葡萄酒，但如果問及關於藝術的問題，她的眼睛就會閃過一絲光芒，並且發表真知灼見。她的最新系列作品，名為「夜晚印製的畫作」（Pinturas arrancadas à noite），意在傳達「人在世間留下的痕跡」。這是她以一種「轉印」的方式，為斑駁牆壁或古老地區留下的記錄。Soares用此類比好幾世代的人在古老的葡萄園中辛勤勞作留下的印記。顯然，她將繼續在藝術中尋找釋放和自由。對Soares而言，里斯本地區的自由正是來自這種無拘無束的氛圍。她將其與斗羅河地區相比較，那裡的莊園往往更加宏偉，而且充滿歷史氣息。她說：「里斯本過往以量產廉價葡萄酒聞名，在這裡較沒有家族地產的沉重包袱，因此取得葡萄園較容易。」

Pedro Marques

Vale da Capucha

然而，里斯本地區仍有在地葡萄酒釀造的傳承。Pedro Marques與他的兄弟Manuel以酒莊名Vale da Capucha於里斯本釀酒，他深刻了解繼承家族酒莊的優勢，也明白其相應的挑戰。他們家族擁有13公頃的葡萄園，是Pedro的曾祖父於1920年代所購置。酒莊數十年來由祖母管理，主要經營盒袋裝葡萄酒。Pedro的母親並不喜歡這個行業，也不覺得這個行業有發展前景，所以酒莊一直由祖母和她的兄弟營運。直到2007年，Pedro和Manuel一同制定了一個計畫，Pedro說道：「我們想有所突破，更友善地對待土地。」他們決定將葡萄園改為有機耕作，但他們得先解決一個問題。

當正式接管葡萄園時，他們才發現園裡所栽種的不是本地葡萄品種，如維特或卡斯特勞（Castelão），而是50年代和60年代流行的不知名雜交葡萄品種，且樹齡已高達50年。「這真是一團糟。」Pedro回顧這段往事時不禁如此抱怨。最後，他們花了兩年時間重整莊園的葡萄園。與此同時，Pedro前往加州學習釀酒，然後赴布根地和薄酒萊地區深度旅行，以獲取更多釀酒經驗。他還記得，大多數法國釀酒師對他的家鄉一無所知，「啊！葡萄牙有在釀酒嗎？」一位法國葡萄種植者曾疑惑地向Pedro發問。

早在2007年，這對兄弟就著手進行兩項重要改造。首先是減少紅葡萄在該地區的主導地位，並增加種植白葡萄。對於重植何種紅葡萄品種，Pedro選擇順應當時潮流，種植了一些風味較濃郁的國產杜麗佳和羅莉紅（Tinta Roriz）。然而現在回想起來，他對這個決定感到後悔。原因是Pedro在布根地和薄酒萊的旅行加深了他對更輕盈、更涼爽葡萄酒風格的熱愛。Vale da Capucha酒莊受大西洋季風吹拂，並且位於黏土石灰土質，這樣的條件更適合表現輕盈、涼爽風格的葡萄酒。十多年後的今天，他們增加種植了該地區傳統的、口感更輕盈的卡斯特勞葡萄。他解釋道：「我們要回到過去，追尋這裡的傳統。」

在Vale da Capucha略顯混亂的酒窖中，堆滿了橡木桶、不鏽鋼桶和玻璃纖維槽，Pedro坦言，對他來說，釀酒最困難的部分是決定何時裝瓶，不過他很有耐心。他在2013年首次嘗試釀造橘酒，經過五年的實驗，他才下定決心將前三年的橘酒混調裝瓶。如果他在採收一年後就裝瓶釋出，最終成品Branco Especial將不可能具有如此複雜的風味。

然而，這仍是一款不適用任何現有分類的葡萄酒，所以最終被歸類為最低法規等級酒Vinho de Portugal，是一種沒有任何區域指示的餐酒。Pedro坦承，Vale da Capucha的葡萄酒「幾乎每年」都被當地托雷斯韋德拉什（Torres Vedras）DOC拒絕。Pedro的葡萄酒與他所在產區的大多數其他釀酒師產品形成鮮明對比。該地區的葡萄酒多數在低溫、受控的環境下採用商業酵母發酵而成，而Pedro的葡萄酒採自然發酵，並完成蘋果酸乳酸發酵，且Pedro在裝瓶和釋出之前也有別於主流做法，一般會進行更長時間的陳釀。Pedro將Torres Vedras DOC品酒小組的作風形容是巴甫洛夫式條件反射，並直言他的葡萄酒風格根本不在他們的評判標準內。

另一個癥結是葡萄品種。Torres Vedras DOC允許使用國際品種標示於酒標，如夏多內或白蘇維翁，但他們種植的原生品種高維奧（Gouveio）卻不被官方允許標示為DOC酒，對此Pedro難掩沮喪之情。令人惋惜的是，如今全球許多愛好Vale da Capucha葡萄酒的人，大多數都沒有聽說過托雷斯韋德拉什這個產區。在官方屢次否定Pedro和Manuel的態勢下，在酒標上標示產區幾乎不可能。

創業維艱，不落窠臼

沒有家族葡萄園可繼承的釀酒師，也能在里斯本地區尋得出路。Vinhos Aparte酒莊由來自里斯本地區的三位好友創辦。自2018年以來，他們向葡萄牙不同地區的果農收購葡萄，生產的「經典紅葡萄酒」分別來自托雷斯韋德拉什的國產杜麗佳以及來自杜奧產區的奧佛雪羅（Alfrocheiro）混釀而成。本質上，該酒莊就是法國人所說的微型酒莊，以嚴謹的態度釀酒，但行銷靈活且手法新穎。Daughters of Madness則是美國人Luke Schomer和他的葡萄牙妻子Joana Ruas創立的酒莊。他們租用葡萄園並購買來自卡達沃（Cadaval）周邊的葡萄進行釀造，目前已推出兩個年份。João Tereso創立酒莊Chinado，他身兼音響工程師，照料著家族一度荒廢的葡萄園，並且也照顧在阿爾科巴薩（Alcobaça）附近租借的葡萄園。以上這些酒莊均為近年創立，里斯本地區無疑成為釀酒師實踐夢想的理想所在。

Luis Seabra

在葡萄牙各地都可以看到這種微型酒莊的經營模式。Luis Seabra並無家族莊園或百年老藤可繼承，但還是開創了出色的釀酒師生涯。Seabra先在綠酒區開展職涯，之後在酒莊Niepoort擔任資深釀酒師直到2012年，最後決定創業。他先是在斗羅和綠酒區尋找特出的葡萄地塊和葡萄來源，並從2018年起在杜奧租借葡萄園。他的釀酒風格與Niepoort相當接近，追求優雅和質地輕盈的葡萄酒。

Seabra熱衷於討論與酒相關的一切，對葡萄酒的觀點全然反映在他的作品之上。他總是長時間地分享與探討釀造哲學或相關技術細節。幸運的是，與Seabra在進行這些討論時總有美食相伴，因為他同時也是一位傑出的廚師和一位好客的主人。他對自然酒抱持謹慎的態度，且質疑自然酒的推廣論述內容，但他同時也是位於西班牙特內里費島（Tenerife）島上知名自然派酒莊Suertes del Marqués的釀酒顧問。Seabra總是很務實，他尊重古老的傳統，如腳踩葡萄，但他的釀酒方式跳脫窠臼且無比精準。在酒窖裡，他不進行任何干預性作業，但他有著一雙訓練有素、經驗豐富、熟練而穩定的匠人之手，使得其葡萄酒帶有一種精確性，總是能讓人品嚐出風土與起源，而不是感受到釀造過程賦予酒的風味。

自2014年以來，Seabra還積極投入Quinta da Costa do Pinhão酒莊的重建計畫。該酒莊位於斗羅河谷最富田園風光的地點，離斗羅桑芬什村（Sanfins do Douro）僅一箭之遙，但海拔較低。根據法規這裡用於釀製波特酒的葡萄園被評為A級，採收的葡萄傳統上販售給Niepoort和其他波特酒商。2007年，Miguel Monteiro Morais從祖父那裡繼承了這個莊園，儘管仍繼續出售葡萄，但沒過多久他就萌生自己釀酒的想法。Morais擁有劍橋大學工程學博士學位，並在阿威羅大學（University of Aveiro）教授土木工程。Morais翻新了舊酒莊，並從2014年開始與Seabra一起釀酒。由於該酒廠純粹是為生產波特酒而設計，缺乏釀造白葡萄酒的設備，譬如壓榨機，所以Morais和Seabra決定尊重酒莊的歷史，他們唯一的白酒採用浸皮發酵，製程與紅、白波特酒的釀造方式相同。此外，Morais也決定不在酒標上強調這一特點，這勢必有違IVDP認證委員會的標準，因為他的白葡萄酒毫無疑問是橘酒。

倘若橘酒給人的印象是怪異或率性，Morais則是將其風味改頭換面。他的橘酒帶有燧石般的風味，口感集中平衡，好比一瓶布根地佳釀。該酒莊無高酒精度或帶橡木桶風味的葡萄酒，與Conceito酒莊或Folias de Baco酒莊一樣，他們走在斗羅河新浪潮的最前端。酒莊中最古老的葡萄園Peladosa由於產量極低，原本已考慮拔除重植，但Morais不忍心這樣做。於是他將這些稀少的幾公斤葡萄釀成同名的單一葡萄園紅酒。這是一款令人驚歎的葡萄酒，證明了優質的斗羅河葡萄酒並非只有風味醇厚、高酒精濃度的面貌。反之，令人觸電般的鮮活感呈現出斗羅河的另一風貌。

Morais和Seabra盡力在IVDP規定的範圍內作業，到目前為止，Quinta da Costa do Pinhão的所有葡萄酒都成功被歸類為斗羅的DOC。以不同的方式重新詮釋斗羅河風土，讓Morais感到自豪並將酒莊所在地圖設計為酒標。但並不是每個人都抱持同樣觀點。在斗羅河產區的南部邊緣，於下科爾戈河區（Baixo Corgo）和上科爾戈河區（Cima Corgo）之間的區域，有一個不適合這種模式的小莊園。

在拉梅戈鎮（Lamego）附近，斗羅的景觀開始有所變化，進入到鄰近的塔沃拉-瓦羅薩（Távora-Varosa）產區。這裡的森林茂密，土壤是花崗岩，而非板岩或片岩組成，海拔高度則攀升到600公尺以上。Ramos家族在此有一座小屋和一塊3.5公頃的葡萄園，這些葡萄樹是在20世紀初種植的。Pedro Frey Ramos有七個兄弟姐妹。2012年時，他正值25歲，毅然決定搬到這所荒廢的屋子。這座屋子曾屬於他的祖母，但多年來只是偶爾作為馬廄。

Pedro會對葡萄酒感興趣，主要是因為他希望找到一個職業能讓他四處旅行，花更多時間「融入大自然」。他進一步表示，吸引他的從來不是葡萄酒本身。2004年在阿根廷結束實習後，他與他的兄弟Diogo便一起創業。一開始他們稱自己的品牌為Tavadouro，以彰顯跨越兩個葡萄酒產區的特色，他們不僅使用家族多處的葡萄園釀酒，也為當地其他果農提供釀酒諮詢。久而久之，Pedro發現在他最討厭的地方——酒窖和辦公室——花費的時間越來越多。直到他從里斯本搬到祖母舊宅後，Pedro走出了另一條路：他開始用家族的葡萄園釀酒。

Pedro在2013年以本名作為酒莊名，釀出屬於他的首年份酒。兩年後，他正式將Tavadouro交給他的兄弟繼續經營，並在2016年正式推出名為Frey Blend的葡萄酒，建立他獨特的銷售方式。同時，他每年都會飛赴澳洲墨爾本（Melbourne），與當地朋友一起釀酒。他每年也會飛到義大利奇揚第（Chianti）幾天，作為一家酒莊的釀酒顧問。

Pedro Frey Ramos

Pedro的住宅風格有點像1970年代的嬉皮公社，許多室內裝飾可能從那時起就保留至今。在10月的早晨，他穿著短褲和不成對的運動襪迎接我們。顯然他的狀態略差，他指了指滿是空酒瓶的桌子，笑著說：「昨晚還有別人。」這是一個忙碌的秋天，Pedro最後幾乎是一個人採收了所有的葡萄。在正常年份，他會尋求來訪的朋友們的幫助，但在2019年只有他孤身一人。對一般人而言，採收3.5公頃的葡萄園是一項艱巨的任務，但Pedro表示他已經習慣每天早起做這件事。即便不是為了採收，顯然他也樂於在戶外活動。他指著房子前面的一張粗糙的木桌和長凳，並說：「這是我的餐廳。」幾公尺之外，一個帶著破舊花罩的舊鐵床架被遺棄在樹下，Pedro笑說：「那是客人的臥室，開玩笑的，但我曾經睡在那。」不遠處的篝火灰燼和臨時座椅，讓花園更有波西米亞風了。

在Pedro家，一切活動都在戶外。儘管他看起來不像運動員，但他的某座葡萄園邊上設有簡易的羽球場。此外，他還熱衷於打高爾夫球，並在葡萄園的一條小路上放置了一個顯眼的高爾夫球座。他揮杆時，他的狗就蹲在一旁，準備追著球跑，把它撿回來，Pedro表示他已經搞丟了好幾顆球。回到屋子，牆邊則有一個小籃球架。

Pedro的酒莊是一座一層半樓高的小型石造建築，門廊裡堆放著一些使用過的法國橡木桶，更深處還有一排不鏽鋼桶，一雙雙橡膠靴被甩在木桶上。酒窖看似零亂，但桶邊試飲後，我們能完全感受到Pedro的專業。這些葡萄酒口感豐富且複雜度高，當然有時會略顯古怪，但線條相當明確。雖然他一般都會先確認方向再進行調配，但Pedro回憶起一個晚上，他獨自在酒廠裡「邊工作邊喝酒」，並指著一個已經空了的酒槽回憶當時在品嚐之後，他對這酒感到非常興奮，於是決定立即裝瓶。他徹夜未眠，獨自裝瓶了共1000公升的酒，Pedro隨後在酒標寫上「手工製作」。裝瓶機是一個小型的手動裝置，貼標和蠟封也是全手工完成。

當我們品嚐一款尚未裝瓶、口感非常輕盈的粉紅酒時，我們笑說，以風格而言，這支酒似乎與斗羅地區沒有什麼關係。這款酒的酒精度僅為10%，Pedro計畫在不添加任何二氧化硫的情況下裝瓶。此酒既解渴又美味，令人想要一口接一口。Pedro說道：「這不是現今斗羅葡萄酒的風格，但我其實不太確定何謂真正的斗羅酒風格。」

他補充說：「可能在50多年前確實存在一種斗羅酒風格，但後來受到近代波爾多的影響，今天所有釀酒師的釀酒風格已和從前大不相同了。」Pedro甚至沒打算讓他的葡萄酒被歸類為斗羅DOC，而是按慣例將他的所有品項列為基本的IVV（餐酒）類別。他似乎並不擔心不能在酒標上提到地區、葡萄品種或是年份。Pedro的酒標講述的是更精明的行銷故事，「vinha de altitude em solo de granito」意為高海拔葡萄園與花崗岩底土，酒標下面用英語寫著「手工採收、低干預農法、天然發酵、未澄清過濾」。這些酒的價格不菲，Pedro透過他在各國的朋友和同業組成的非典型網路進行銷售，另外也固定與一些零星的進口商配合。

Pedro的做法對IVDP來說並不是秘密，他們的技術總監Bento Amaral也承認希望能找到方法，將風格有別於傳統的釀酒師納入DOC。他補充說：「我們必須做點改變，釀酒師也得遵守一些規則。但並非所有在斗羅產區生產的東西都能被認證為斗羅DOC。」Amaral顯然擔心新一代的釀酒師會和IVDP愈來愈疏離，但IVDP是一個大型組織，要改變方針仍需多方推動。到目前為止，斗羅和葡萄牙許多的其他產區以及特立獨行的釀酒師往往面臨抉擇，他們要不然選擇屈服，生產傳統的葡萄酒，要不就就像Pedro那樣，放棄列入DOC而堅持獨有風格。

當品質成為一種僵化的公式

世界各地經常發生年輕釀酒師遭產區分類機構拒於門外的事件，但不得不說，在寫這篇文章的時候，這種情況在葡萄牙尤其根深蒂固。地區委員會往往自詡為優質葡萄酒的守門人，但是缺乏彈性，墨守成規。英國葡萄酒作家Andrew Jefford在某一場線上辯論中提到[56]：產區概念成為某種風格指南恐怕是件始料未及的事。

---

56 詳情請見網站wineschoolarguild.org上的‘The Great Debate: Natural Wine with Andrew Jefford and Simon J Woolf’。

DOC初始形成於一個葡萄酒品質良莠不齊的時期，在葡萄牙，和法國一樣，許多DOC可以追溯到1930年代。那時釀酒學正處於起步階段，釀酒或葡萄酒學的學位課程，一些夙負盛名的課程，譬如在雷阿爾城（Vila Real）的山後-上杜羅大學（University of Trás-os-Montes and Alto Douro, UTAD）所提供的課程是很後來才開設的。由於對釀酒科學瞭解不多，且可利用的技術有限，當時即使是專業的大酒廠，也很容易出現氧化或細菌感染等問題。DOC品酒小組最初的任務是剔除那些明顯有問題或不合格的葡萄酒。時至今日，儘管仍有很多葡萄酒的風味普通沉悶，但貨架上已很少見有嚴重瑕疵的葡萄酒。品酒小組於是逐漸演變成風格守門人。每個產區，即葡萄牙的DOC，都對其區域葡萄品種和葡萄酒風格的典型特性有自己的看法，並認為當地最高級別的葡萄酒，即DOC葡萄酒，除了不能有缺陷，還必須符合該產地的典型特性。

然而，問題是典型特性本身是一個模糊的概念。在過去的幾十年裡，斗羅區發展出了具有某種風格的餐酒而成為今日的標準。紅葡萄酒必須由成熟的果實釀造，具有深邃的色澤，果味豐厚而且可品嚐到橡木桶的風味才行。根據IVDP的說法，這才是斗羅葡萄酒的樣貌，也是顧客在購買酒標寫著「Douro」葡萄酒所期待的風味。但是，斗羅的風格絕不該是單一，正如Rita Marques和Tiago Sampaio，以及其他許多人所證明的那樣，這個產區的風味可以很多元。斗羅河谷的風土可以釀出色淺、精緻的葡萄酒，只是這不符合官方為其設定的特色。Tiago Sampaio生產的Renegado來自其對河谷中一個古老傳統的致敬，但這款酒因為不符合斗羅DOC對當地葡萄酒的認知，不僅經常被官方拒絕，甚至不能標示生產地小鎮的名稱。

IVDP宣告，該酒酒標「Sanfins do Douro」不得含有神聖的Douro一詞。最後，Sampaio雖被允許可在酒標上寫「Sanfins」，但他卻選擇寫上附近城鎮阿利若（Alijó）的名字。當一個代表著更古老、真實的傳統葡萄酒不能說出它的名字時，這是一個可笑的情況。Sampaio是一個受過專業訓練的釀酒師，他的葡萄酒相當傑出。他和許多同行一樣，對家鄉有著無比的自豪感。Sampaio也不是一個情緒化或戲劇化的人物，然而，當他解釋為何不能在酒標上聲明原產地時，他眼中的悲傷顯而易見。他的葡萄酒被剝奪了斗羅河的護照，理由是不符合既定標準，而這個標準的誕生甚至還不到半個世紀之久。

Marta Soares甚至沒試過將她的葡萄酒歸類為奧比多斯（Óbidos）DOC（若根據葡萄園的位置，理論上這是可行的），而是將她的葡萄酒歸類在更廣泛的里斯本產區分類之下。但即使在此分類，她的酒也經常遭到拒絕，理由往往很主觀，例如她曾收到的回覆是「我們不喜歡這支酒的味道。」Soares指出，她曾經在被拒絕後重新提交了同一款酒，但用了不同的名字。然而第二次，該酒卻被同一個品評小組審理通過。Soares的結論是，CVR品酒小組既不客觀也不適任。

本書中介紹的許多釀酒師都經常與當地的CVR機構發生衝突，這已經成為一種新的常態，任何釀酒師如果跳出框架，或者其主要目的不是為了獲得DOC，而是做自己認為對葡萄酒最有利的事情時，他們辛勤生產的酒就有可能被逐出產區。沒有人比António Madeira更深刻地感受這一點。2021年6月，就在本書即將完稿之際，他收到來自杜奧產區CVR的殘酷拒絕。Madeira在社群媒體上激昂發表了他的感想，讓人強烈地感受到他的挫敗。

> 昨天是一個悲傷的日子。
>
> 我的Vinhas Velhas 2019白葡萄酒被杜奧產區的CVR品評小組拒絕了，滿分100，他們僅給出了52分。
>
> 我的客戶，包括一些世界上最著名的侍酒師，都認為Vinhas Velhas是一款偉大的白葡萄酒，不僅是杜奧的驕傲，也是葡萄牙的光榮，品嚐後讓他們不禁想起了著名的普里尼（Puligny）或梅索（Meursault）的精銳布根地白酒。
>
> 我毫不懷疑，如果這款葡萄酒是由一個受人尊敬的葡萄牙家族或一個對媒體更友好的釀酒師生產，它的售價將會高得離譜。
>
> 母親問：「為什麼我可以在超市裡找到售價僅兩歐元的PDO葡萄酒[57]，而你的酒卻會被CVR品評小組拒絕？」
>
> 這問題問得好。

---

57 PDO是歐盟對法定產區酒的統稱，例如在葡萄牙法定產區酒為DOC。

我想我已經到了極限。我一直在酒標上強調杜奧地區，並在世界上最好的餐廳，推廣我祖父母自豪的葡萄酒產區，而這卻是我得到的回報。

我在想別再試著把葡萄酒歸類為PDO，IVV就夠了[58]。雖然這不是我樂見的結果，但至少我不必在每次送葡萄酒去認證時感到卑微和羞辱了。[59]

將António Madeira的葡萄酒與頂級布根地白葡萄酒相提並論似乎略顯浮誇，但這種比較並無偏頗。多年來，Vinhas Velhas Branco一直是Madeira釀造酒款中的亮點之一，選用來自古老葡萄園的果實，風味飽滿而集中，卻兼有優雅感並且揉合礦物質地與悠長酸度，與布根地伯恩丘（Beaune）特級園的風味有異曲同工之妙。但更重要的是，它永遠不會等同於布根地酒，因為該酒有著更多與杜奧的連結。其混種園的種植方式，讓酒體風味飽滿且帶有土壤、草本氣息，以及口感質地都完美詮釋了當地的特色。品評小組將這款酒標記為氧化型，但這使人懷疑品評小組是否以年輕的普飲酒作為比較，那些葡萄酒的特色是使用商業酵母、低溫發酵，大量使用澄清劑並徹底過濾，只有以超市販賣的標準還能接受。

這些所謂特立獨行的釀酒師和保守的分級委員會之間的交流表明了什麼？他們之中很多享有國際聲譽，卻因試圖改進陳規而紛紛被擊倒在地，這顯然大有問題。在許多情況下，葡萄牙酒業因其悠久的監管歷史，能有長足的進步和成就。龐巴爾侯爵對波特酒進行的某些鐵腕改革，最終使其得以發展繁榮。1930年代對科拉雷斯葡萄酒產業的監管，也解決了假酒和贗品氾濫的問題，進而防止該產區走向衰敗。然而，如今監管帶來的限制已經開始阻礙產業發展。曾經確保品質的規則、條例和風格的要求，現在卻阻礙了釀酒風格上的創新與多樣性。更糟的是，它們已使葡萄牙一些最具創新精神的釀酒師，與據稱是為了支援他們而存在的組織漸行漸遠。

---

[58] IVV：葡萄牙法定最低等級的葡萄酒。

[59] 此粗體文摘錄自António的社群媒體貼文全文，經翻譯與編輯自葡萄牙文原文。

在2020年Simplesmente Vinho葡萄牙自然酒展上，都還可以聽到釀酒師對於DOC以及其限制性的批評。自2013年以來，這項活動已經擴大了五倍，現在已經有100多個酒莊參與，其中大部分是小型獨立酒莊。João Roseira目前收到了更多酒莊的參展申請，但他仍努力將酒莊數量控制在新場地能容納的範圍。和Simplesmente Vinho酒展的舊場地一樣，新場地Cais Novo也在河邊，但有更完善的現代化設施與衛生管理。七年前，這個會展大多只有業內知曉，但現在Simplesmente已吸引了許多來自葡萄牙境外的葡萄酒愛好者和專業人士。每年二月來到波爾圖的遊客都會談論葡萄酒博覽會，許多人還試圖同時參加Essência do Vinho和Simplesmente Vinho兩場酒展，以全面瞭解業界最新的趨勢。為了跟上時代步伐，Essência do Vinho擴大研討會規模，並增加更多周邊活動來推廣在Cais Novo較常見的非主流葡萄酒風格，這足以證明Simplesmente Vinho所造成的影響非比尋常。

像Simplesmente Vinho這樣的葡萄酒展不僅為愛酒人士、酒業記者和進口商提供了與他們喜愛的生產者見面的機會，更寶貴的是能釀酒師聚集在一起，交換故事，品嚐更多種類的葡萄酒。在葡萄園和酒窖工作是一項孤獨的事業，因此許多釀酒師或莊主很樂意與人交流討論。早在2013年，本書介紹的許多人都在相對孤立的情況下工作，其中一些人也不免懷疑自己所選的道路。如今不但有了一個支持他們的社群，而他們所做的事，也受到越來越多人的喜愛與關注。

這些釀酒師沒有人抱著不切實際的幻想，他們知道生活是艱難的，經濟是吃緊的，也明白監管機構仍在努力理解何為「傳遞真實風土而無妝飾的葡萄酒」。隨著酒展開幕，數以百計的參觀者湧入會場，他們渴望品嚐葡萄酒，見到釀酒師，這將會是無比美好的一天——A bom dia。

在*Quinta do Bom Retiro*酒莊腳踩葡萄

專有名詞

Adega （酒莊）
酒窖或是酒莊建築物。Adega通常會與生產者名字合併作為酒莊名，譬如：Adega do Vulcão或Adega Viúva Gomes。

Adega cooperativa（釀酒合作社）
釀酒合作社收購成員酒農的葡萄作為釀酒原料，以合作社的品牌販售，其概念類似法國的cave coopéraive或義大利的cantina sociale。釀酒合作社於1950年代開始在葡萄牙盛行，旨在改善國內葡萄酒生產效率並提升低階酒的品質。

Aguardente（蒸餾葡萄烈酒/白蘭地）
葡萄牙的蒸餾烈酒統稱，常用來加烈製成波特酒或馬德拉酒。

Barco rabelo（雷貝洛船）
傳統的葡萄牙木製貨船，數百年來沿著斗羅河載運波特酒到蓋亞新城。

Benefício（波特酒牌照）
用來限定酒農每年可生產的波特酒產量，每年換照一次。

Biodynamic farming（生物動力農法）
根據魯道夫．史坦勒哲學理論和演講所發展的一套農法。生物動力農法特別重視土壤健康和生命力，並將農地視為一個整體，人類、動物與植物於此和平共存。採用生物動力農法的農地或葡萄園反對合成產品，而是使用史坦勒在1924年演講中的特殊配方。最常用的兩種配方分別是編號500（稀釋牛糞的噴灑劑）和501（以二氧化矽為主的噴灑劑），也可以使用銅和二氧化硫來抗黴菌和其他病害。Demeter是專門針對生物動力農法和釀酒的獨立授證機構，遍布各國。在葡萄牙的相關認證機構則是SATIVA。

Casa（房子）

Chaptalisation（添糖）
在葡萄漿（grape must）發酵時添加糖，以提升最後的酒精濃度。添糖在主流的釀酒產業中仍舊普遍，特別是量產的酒，以確保每年的酒精度維持一致。添糖過程的名稱取自發明者Jean-Antoine Chaptal的姓。

Colheita（單一年份茶色波特酒/年份採收馬德拉酒）
葡萄牙文字義為「採收」（harvest），但colheita一字在不同葡萄酒產區的法定意義不一。波特酒標示Colheita意指來自同一年份的葡萄，並在木桶陳年至少七年。馬德拉標示Colheita則必須來自同一年份的葡萄並入桶陳年至少五年才能裝瓶。Colheita這個字有時也會出現在非加烈的葡萄酒，用來強調來自單一年份葡萄，而無其他特殊意義，譬如colheita 2021。

Curtimenta（浸皮白葡萄酒/橘酒）

葡萄牙文字義為「保存」或「保存的準備」，但在葡萄酒方面則指浸皮的白酒，也就是為人熟悉的「橘酒」。葡萄牙的釀酒師Anselmo Mendes為Curtimenta一字申請專利，其他葡萄牙的釀酒師不能以此作為商品名，但可以在背標用此字說明酒的風格。

CVR（地區葡萄酒委員會）

Comissão Vitivinícola Regional的縮寫（英文是regional wine commission）。每個產區的CVR負責管理並授予當地產區的DOC或地區餐酒的分級認證。

Denominação de Origen Controlada（DOC、法定產區葡萄酒）

葡萄牙葡萄酒分級制度中最高等級（理論上來說）。DOC產區對於使用的葡萄品種、產量、甚至是風味上（顏色、香氣、口感）有更嚴格的規定。想要取得DOC的生產者必須把酒送到當地的葡萄酒委員會進行試飲，來決定是否通過標準。

Direct producer（直接生產品種）

雜交葡萄品種（參見hydrid）的別名，這些品種具有抗菌、抗寒等特性，不需特殊照護就能生長。

Espumante（氣泡酒）

用傳統法（參見traditional method）製成的氣泡酒。

Field blend（同園混種）

在同一個葡萄園中混種不同葡萄品種，通常會全部同時採收並一起發酵。

Fortification（加烈法）

指在葡萄汁發酵時加入蒸餾酒（一般是白蘭地）停止發酵，以增加最後的酒精濃度並保留殘餘的糖分。

Frasqueira（年份馬德拉酒）

來自單一年份葡萄的馬德拉酒，入木桶陳年至少20年才裝瓶。入桶5至19年後裝瓶則稱為colheitas。

Grafting（嫁接）

將兩種植物接合在一起。以葡萄藤來說，通常是接合兩種不同品種的砧木與接穗。葡萄藤的嫁接通常是為了預防葡萄根留蚜蟲，但有時候生產者會利用高接的方式（top-graft）來改變葡萄品種，而不需要重新種植砧木或久候植物成熟。

Green harvesting（綠色採收）

在初夏的時候修剪葡萄藤，以減少生產量來確保留下來葡萄的集中度和品質。疏枝對於一些容易生長過剩的栽種品種特別重要，譬如baga、Tinta Negra等。高產量會導致葡萄失去風味，產生高單寧。

Herdade（農莊）

指農場或農莊，此字常見於阿連特茹。典型的農莊景象是白色的低矮農舍，周遭種有橄欖園、軟木橡樹（cork tree）和其他農作物。

Hydrid（雜交品種）
由兩種葡萄品種培育出的新品種，譬如釀酒葡萄（Vitis vinifera）與河岸葡萄（Vitis riparia）。通常雜交的葡萄品種更能抵抗病菌，或是適應嚴寒和其他的不利環境因素。

IVDP（波特和斗羅葡萄酒管理機構）
Instituto dos Vinho do Douro e do Porto的縮寫，總部位於雷瓜市（Régua），辦公室則設在波爾圖。市面上販售的波特酒和斗羅區DOC等級的葡萄酒都會貼有IVDP的封條。

IVV（葡萄園與葡萄酒機構）
Instituto da Vinha e do Vinho的縮寫。未達到地區葡萄酒（Vinho Regional）或是法定產區葡萄酒（DOC）等級的葡萄酒會送到IVV並標為餐酒（table wine）。這些葡萄酒通常只會顯示Vinho do Portugal、Tinto、Branco等。酒標上不可標示產區、葡萄品種或釀造年份。

Lagar（釀酒石槽）
大型的開放式石槽或金屬槽，將葡萄放置酒槽中後壓榨（通常用腳踩）和發酵。

Low intervention（少干預釀造）
自然釀造法的另一個說法。

Must（葡萄漿）
經過壓榨的葡萄，有時會連其汁液與果皮一同發酵釀酒。

Natural wine（自然酒）
自然酒是當代流行但定義鬆散、規範模糊的一套釀酒理論，其旨在釀酒過程中盡量減少人工干預和添加物。自然酒釀酒師通常不使用人工精選酵母菌或酵母營養素，也不靠控溫來發酵葡萄酒。裝瓶時不澄清過濾，使用最低量的二氧化硫。大部分稱為自然酒的二氧化硫含量通常不超過70mg/L。自然酒一詞在大部分國家並未受規範，但在法國，生產者可將酒送到INAO（國家原產地和品質研究所）檢驗來取得自然酒標示。

Oidium tuckeri（葡萄鉤絲殼）
一種會導致葡萄藤白粉病的真菌。19世紀中傳入歐洲的釀酒葡萄（Vitis vinifera）品種尤易受感染。黴菌可以用化學合成殺真菌劑抑制。在有機或是生物動力法的葡萄園中，種植者則會使用硫酸銅和二氧化硫的混和劑，普遍稱為「波爾多液」，葡萄牙文為calda bordalesa。

Orange wine（橘酒）
橘酒一詞雖常見但未有相關規範，泛指浸皮發酵的白葡萄酒，其浸皮時間不等，可長達數周或數月。在葡萄牙，酒標上不可標示orange wine，因此許多生產者會改用代表橘酒作法的curtimenta一字。

Organic（有機農法）
一種不使用任何化學合成產品的農耕法。生產者若要拿到有機標示，必須通過嚴格的認證制度。有機認證也包含規範二氧化硫的添加量。

Pé franco（未經嫁接的）
葡萄牙文，表未經嫁接的葡萄藤。

Pét-nat（自然氣泡酒）
法文Pétillant naturel的縮寫。自然氣泡酒在尚未完成發酵前便會裝瓶，讓酵母在瓶中將剩餘的糖分發酵成酒精，而產生的二氧化碳被封在瓶中形成微氣泡。

Pês（天然陶甕塗料）
一種將樹脂、橄欖油、蜂膠調合加熱的塗膠，用來塗抹在釀酒陶甕的內側，過去常會添加蜂蜜或草本植物來增添風味。

Phylloxera vastatrix（葡萄根瘤蚜蟲）
一種源自北美洲、會危害歐洲種葡萄（Vitis vinifera）的蚜蟲，它的生命週期十分複雜，可分成四個階段並長達18個月，先從葉子感染再攻擊到根部。根瘤蚜蟲在19世紀末葉不慎流入歐洲，毀滅了歐洲大量的葡萄藤，只有美洲種葡萄藤對根瘤蚜蟲具有抵抗力，因此全世界目前最普及的作法就是利用嫁接，把歐洲種葡萄藤嫁接到美洲種葡萄的根木上來抵禦蟲害。

Port lodge（波特酒酒窖）
自古以來，蓋亞新城是波特酒的銷售和運輸總部。直到1986年前，種植者和酒莊不得自行出口波特酒，只能從蓋亞新城的酒窖輸出。

Port wine（波特酒）
以斗羅河谷的葡萄所釀製的加烈酒。波特酒在釀造過程中添加蒸餾白蘭地，強化酒精濃度到19%~22%左右，不同的波特酒風格取決於入桶或裝瓶陳年的時間。大部分的波特酒是以紅葡萄釀製，但是白波特也是有悠久的歷史，如今更有粉紅波特。

Quinta（酒莊或農莊）
意指莊園或農場。通常在葡萄牙酒上標示，表示來自單一莊園。

Ruby Port（紅寶石波特酒）
波特酒風格中的入門酒款，價格親民。紅寶石波特通常很年輕多果味，平均在大桶中陳年一到兩年後裝瓶，適合立即飲用。

Solera（索雷拉陳釀系統）
一種混合不同年份酒液的陳釀方式，以西班牙赫雷斯（Jerez）產區最為有名。索雷拉系統融合部分新酒和老酒，以達到成品酒口感品質一致。索雷拉系統中陳釀的酒，平均年份會隨著時間而逐步增長。

Table wine（餐酒）
本書中指的是波特酒或馬德拉酒等加烈酒以外的干葡萄酒。另一個同義字是靜態酒（still wine），作為與加烈酒的區分。

Talha（釀酒陶甕）
源於葡萄牙的一種直立式釀酒陶甕，可用來發酵和儲存葡萄酒。葡萄牙陶甕貌似古羅馬的土罐（dolium），底部平，蛋形，通常沒有蓋子，而是倒入橄欖油在液面上隔絕空氣，避免發酵後的葡萄酒氧化。靠近底部有塞口，待葡萄酒適飲，釀酒師會裝上木製的龍頭/閥門（batoque）來取酒。

Tawny port（茶色波特）
在木桶陳放多年的波特酒。茶色波特可標示10年或20年等，但其實是指一種風格而非平均酒齡。茶色波特在顏色上較為輕，隨著時間會出現氧化特性。

Traditional method（sparkling wine）（傳統法氣泡酒）
以香檳製法釀造的氣泡酒。根據法規，只有在香檳產區才能標示「香檳法」（méthode champenois）一詞。香檳氣泡會經過第一次發酵，再添加由酵母和糖調和的混合液（liqueur de tirage）後裝瓶，繼續在瓶中進行二次發酵，困在瓶中的二氧化碳進而產生氣泡。傳統製法的氣泡酒經過除渣（死去的酵母細胞）後會裝入新瓶。在除渣的階段中，可能會再添加葡萄酒或糖液（liqueur de d'expedition/dosage）來確保酒質的平衡。

Vineyard treatment（葡萄園病害防治）
使用合成或是自然物質，以噴灑的方式照護葡萄園。

Vinhas velhas（老藤）
老藤有時會出現在酒標上，但老藤的定義並沒有法規限定。

Vinho branco （白酒）

Vinho generoso（加烈酒）
葡萄牙文的加烈酒。

Vinho licoroso（葡萄牙文的加烈酒）

Vinho Regional（IG或IGP）（地區葡萄酒）
葡萄牙酒分級制度中的中階水平。地區餐酒來自比DOC更大的法規產區，受到的法規約束相對較少。但要拿到Vinho regional的分級，仍必須經過地方試飲小組的審核，若未通過，生產者必須將自己的酒標示為餐酒(IVV)。

Vinho tinto（紅酒）

Vintage port（年份波特）
年份波特會經過6至24個月桶陳，裝瓶後會再繼續陳年，一般要陳年至少10年以上才能飲用，因此後續陳年的責任便落在消費者身上。

誌謝

我們要感謝許多釀酒師和專家為本書慷慨付出時間。特別是Francisco Figueiredo, Pedro Marques & family, João Menéres, José Perdigão, João Tavares de Pina & Luisa Lopes Tavares, Alexandre Relvas, Amílcar Salgado, and Luis Seabra & Natalia Jessa，謝謝他們的熱情款待。

Bento Amaral, Tiago Caravana, Rodrigo Costa Felix, Dorli Muhr, Dra. Claudia Milhazes, Gaspar Martins Pereira, Olga Lacerda, Paulo Russell-Pinto, Johnny Symington, Paul Symington and Sonia Nolasco等人都讓我們對葡萄牙和它的酒與文化有更深入的了解。

對於阿連特茹陶甕文化的認知，以及製造與維護這些珍貴陶罐上的挑戰，我們徹底改觀，這要多虧José Miguel Figuereiro, Joaquim Oliveira, André Gomes Pereira 以及貳陸陶甕酒莊的全體人員。我們由衷感謝在疫情期間，IVBAM的Paula Jardim Duarte, Nadia Meroni 和Maria Gorete de Sá安排馬德拉的研究行程。

Diogo Ribas Amado以及他在Prova的團隊改變了波爾圖的酒業，確保我們每杯酒中都有值得深思之處。另外，Oscar Quevedo提供了對斗羅的珍貴見解，並全程支持鼓勵著我們。

若不是João Roseira不屈不饒的精神與投入，很有可能這一切都不會發生。

Ryan想要感謝妻兒Gabriella和Mica容忍自己總有照不完的相與做不完的訪談；感謝父母無條件支持他，無論他的想法聽來有多荒誕；感謝葡萄牙溫暖地接受他和家人，讓他們能稱之為家。

Simon想要感謝Elisabeth的慧眼與體諒，以及一路上為這出書計畫加油或展現熱誠的所有人，真的非常有幫助。

Kickstarter募資網支持者

要不是Kickstarter上518位慷慨的贊助者，也不會有這本書的誕生。以下為贊助者的名字，感謝你們相信我們，相信葡萄牙。

Chris Abbott ★Sarah Abbott ★Joshua Abell ★Diogo Abreu ★Sérgio Abreu ★Danny Adler ★Fabio Adler ★Carlos Afonso ★Sarah Ahmed ★Antonin Aidinian ★Hilary Akers ★Mohammed Albaker ★Jesaja Alberto ★Steve & Patti Allen-LaFleur ★Alvier J. Almeida ★Bento Amaral ★Cornell Anderson ★Patti Anderson ★Kjartan Sarheim Anthun ★Safiye Arifagaoglu ★Allard Arisz ★Eric Asimov ★Gökhan Atılgan ★Sina Balke-Juhn ★Justin Bandt ★Paul Bangert ★Ari Barker ★Chiaki Bascands ★T Baschetti ★Alastair Bathgate ★Mikael Östlund Bekele ★Mikael Bellander ★Simone Belotti ★Roland Benedetti ★Bill Bennett ★Nea Berglund ★Maria Valéria Bethonico ★Mariëlla Beukers ★Joshua Beyer ★Gurvinder Bhatia ★Donna Billingham ★Andrew Bird ★Simon Bishop ★Eileen Blairlafleur ★Marije Bockholts ★Thomas Bohl ★Mark Bolton ★David Bombaça ★Fredrik Bonde ★Carolyn & Rowan Bosworth-Davies ★Mike Boyne ★Stuart & Vanessa Brand ★Luciana Braz ★Alex Bridgeman ★Chris Britten ★James Brocklehurst ★Ilya Brodsky ★Sarah Broughton ★Andy Brown ★Marcel van Bruggen ★Jason de Brum ★Helen Gallo Bryan ★Milan Budinski ★Nils Bugge ★Jeff Burrows ★Nicole Byrd ★Mikey C. ★Rayna C. ★John Caiger ★Benjamin Perus & Charlotte Campbell ★Christopher Cannan ★Mariana Cardoso ★Faye Cardwell ★Anna Carreira ★Karin Luize de Carvalho ★Nuno Ricardo dos Santos Carvalho ★Tiago Carvalho ★Casa de Mouraz ★Umay Çeviker ★Gloria Chang ★Rémy Charest ★Mark Chenhall ★Nick Chisnell ★Paul Chisnell ★Isabelle Chow ★Hp Chu ★André Cis ★Davide Cocco ★Marcel de Cocq ★Moshe Cohen ★Colibri Curioso ★Annie Collins ★Neil Colman ★Comida Independente ★Conceito Vinhos ★Helen J. Conway ★Frankie Cook ★Stephen Cooper ★Heather Corcoran ★Emanuelle Dalla Costa ★José Luís Costa ★Vasco Sousa Cotovio ★Gregory Crawford ★David Crossley ★Terence das Dores Cruz ★Rhona Cullinane ★Giles Cundy ★Ebba Dahlquist ★Seamus Daly ★Jeff Davis ★Daxivin ★Steve de Long ★Ralph de Wijnmissionaris ★Cathinca Dege ★Daniela Dejnega ★Juliana Dever ★Pedro Nelson Dias ★Sjoerd van Dijk ★Toby Dillaway ★Polina Disilvestro ★Jonathan Distad ★Ian Dobbs ★Peter Dobos ★MA Duarte ★Janja Dugar ★Gavin Duley ★Laura Durnford ★Klaus Dylus ★Mardee Eamilao ★Kevin Ecock ★Serena Edward ★Donald Edwards ★Keith Edwards ★Thomas Eickhoff ★Eklektikon ★Mark Ellenbogen ★Tomas Emidio ★Jesper da Silva Endelt ★Becky Sue Epstein ★Magnus Ericsson ★Simon Ernst ★Esporão ★Annemarie van Ettekoven ★Exotic Wine Travel ★Selene F. ★Joe Fattorini ★Anita's Feast ★JúlioFernandes ★Tiago Ferreira ★Francisco Figueiredo ★Tom Firth ★Rick Fisher ★Andraž Fistravec ★Zé

Fontainhas★Ove Fossa★Robert Frankovic★Caroline Franzén ★ErikaFrey ★PedroFrey ★HannahFüllenkemper ★RicardoMoBroGandara ★Garaged'OrNorway ★AndersHåkonGaut ★Rosemary George ★Deborah Getlin ★Robbin Gheesling ★Ghvino.nl ★Jemima Gibbons ★Graeme Gladwinfield ★Janet Gold ★Colin Goldin ★Nicolas Goldschmidt ★André Pintado J. Gonçalves ★Lynn Gowdy ★Tom Green ★Darrell Greiwe ★Maggie Grimm ★Michael Grisley ★Sarah May Grunwald ★Elisabeth Gstarz ★Thomas Gubanich ★Paulius Gudinavicius ★Chris Gunning ★Lianne van Gurp ★Carrie Guthrie ★Rebecca Haaland ★David Hagen ★Jenni Hagland ★Denis Hakes ★Andrew Hall ★Kate Hall ★Peter Handzus ★Liam Hanlon ★Frédéric Hansen von Bünau ★Julia Harding MW ★Carl Haynes ★Jacob Head ★Chris Hefner ★Richard Hemming MW ★Caroline Henry ★Herdade do Rocim ★Herdade dos Grous ★Meg Herring ★Katrin Heuser ★Peter Hildering ★Andrew Hisey ★Dave Hora ★Daniel ter Horst ★Molly Hovorka ★Xavier How-Choong ★Niels Huijbregts ★L Humphreys ★Louise Hurren ★Cathy Huyghe ★Justin Isidro ★Diederik van Iwaarden ★ Jay Jackson ★Karen Jenkins ★Ales Jevtic ★Vidar Kenneth Johansen ★Anna Jorgensen ★José Maria da Fonseca Vinhos ★Asa Joseph ★Jakub Jurkiewicz ★Nikolaus Kaiser ★Jason Kallsen ★Janet Kampen ★Edgar Kampers ★Chuck Kanski ★Valerie Kathawala ★Charles Kelly ★Jane Keogh ★Fintan Kerr ★Mary Kirk ★Jan Matthias Klein ★Matthew Klus ★Marijke van den Berg & Frank Kneepkens ★Mia Kodela ★Roger Kolbu ★Michaela Koller ★Eero Koski ★Aleš Kovář ★Anne Krebiehl ★Frank Kreisel ★Frederik Kreutzer ★Per Kristiansen ★Jan Kruse ★Peter Kupers ★Heidi J. Kvernmo ★Niels van Laatum ★Minaë Tani & William LaFleur ★Laurie Lafontaine ★Theo Laigre ★Fabien Lainé ★Ellen Lainez ★Harry Lamers ★Daniel Lamy ★Dennis Lapuyade ★Alice Lascelles ★Bruce & DiAnn Lawson ★Cathy Lee ★Stephane Lefevre ★Isabelle Legeron ★Tim Lemke ★George L. Leonard ★Lillian Leong ★Diane Letulle ★Judith Lewis ★Richard Lewis ★Lisa Lieberman ★Alison Lienau ★Vinostito ★Susan R Lin MW ★Andrew & Tamar Lindesay ★Matt Lindon ★Ben Little ★Angela Lloyd ★Wink Lorch ★Karen Low ★David Lowe ★Lusocape Wines ★Chris Lynch ★João M. ★Carole Macintyre ★Ewen Macleod ★Ben Madeska ★Vasco Magalhães ★Vladimír Magula ★Vladimír Magula ★Alessandro Mambrini ★Aaron Mandel ★Tim Reed Manessy ★Anton & Lela Mann ★Anna Mantchakidi ★Alan March ★Julien Marchand ★Shaphan Markelon ★John Massey ★Daniel Matos ★Hadia Mawlawi ★John McCarroll ★Stephen McClintic ★Elin McCoy ★Robert McIntosh ★Peggy McLaren ★Niav McNamara ★Nicole L. Mead ★Gert Meeder ★Ron Meijer ★Maria Susete Melo ★Hugo Miguel Santos Mendes ★Vitor Mendes ★Paul Metman ★Karol Michalski ★Samuel Middleton ★Tom Mikkelsen ★Simon Mills ★Tze How Mok ★Filip Molnár ★Matt Monk ★Ana Catarina Morais ★Miguel Monteiro Morais ★More Natural Wine ★Luca Moretti ★Morris Motorcycles Racing Team ★Kim & Coleen N. ★Bernard Nauta ★Carolyn Nemis ★Leah Newman ★Aga Niemiec ★Menno Nieuwenhuyse ★Sonia Nolasco ★Boris Novak ★Ryan O'Connell ★David O'Mahony

★Jim & Kim O'Malley ★Michael & Connie O'Sullivan ★Tobias Öhgren ★Ana Sofia Oliveira ★Lauren Oliver ★Irene Oostdam ★Josje van Oostrom ★David Oranje ★André Ornelas ★Yolanda Ortiz de Arri ★Greg Ossi ★Ivan Ota ★Dennis Ouwendijk ★Patrick Owen ★Filippo Ozzola ★Sara Pais ★Daniel Parreira ★Sharon Parsons ★Samuli Pasanen ★Jennifer Patterson ★Abigail Pavka ★Samuel Pernicha ★Antti-Veikko Pihlajamäki ★Adrian Pike ★Adriana Pinto ★Bruno Pinto ★Marco Piovan ★Tao Platón ★Virgílio Porto ★Karina Pozdnyakova ★Meghna Prakash ★Charles Pretzlik ★Christopher John Emmerson Price ★Matt Price ★Nick Price ★Paula Prigge ★Henry Pringle ★Helen Prudden ★Noel Pusch ★Oscar Quevedo ★Quinta do Montalto ★Quinta do Noval ★Quinta do Tedo ★Marta Ràfols ★Alessandro Ragni ★Linda Rakos ★Christina Rasmussen ★Recife Japan ★Philip Reedman ★Magnus Reuterdahl ★Tad Reynes ★Les Reynolds ★André Ribeirinho ★Bernard & Treve Ring ★Justin Roberts ★Filipe Rodrigues ★Art Rose ★João Roseira ★Pieter Rosenthal ★Jim Roth ★Denise Rousseau ★Caroline Rowe ★Nicole Rudisill ★Stephen Ruffin ★Pedro Sadio ★Paul Sairio ★Lynn Klotz Salt ★Gonçalo de Mello Sampayo ★Joana Santiago ★Joel Santos ★Ricardo Santos ★Anda Schippers ★Rachel Schneidmill ★Luke Schomer ★Herb & Yuliya Schreib ★Ann Schroder ★Joel Schuman ★Anna Schumann ★Lisa Schunk ★Fabian Schutze ★James Russell Schweickhardt ★Kari Scott ★Troy Seefeldt ★Anne-Victoire Monrozier & Christian Seely ★Elisabeth Seifert ★JoAnn Serrato ★Albert Sheen ★Neonila Siles ★Daniel Silva ★Filipa M. Silva ★Hugo Silva ★Diogo Simoes ★Aleš Simončič ★George Sinnott ★Katie Skow ★Anthony Smith ★Jimmy Smith ★Sandra Smythe ★Ana Isabel Soares ★Victor Sorokin ★João B. Sousa ★Bruce Spevak ★John Spurling ★Arjan Stavast ★Lee Stenton ★Mont P Stern MD ★Moritz Stumvoll ★Gilles Suprin ★Nancy & Thomas Sutton ★Will Swenson ★Dimitri Swietlik ★Paul Symington ★Symington Family Estates ★Akos Szabo ★Beppu Takenori ★Taka Takeuchi ★Gianluca di Taranto ★David Tavakoli ★João Tavares de Pina ★Rupert Taylor ★Sandra Taylor ★João Tereso ★Camillo Testi ★Gary Thaden ★The Wine Spot ★Lars T. Therkildsen ★Paola Tich ★Mark Tilley ★William Tisherman ★Cathrine Todd ★Sue Tolson ★Ruben Augusto Trancoso ★J. F. Tremblay ★Michael Trowbridge ★Chun Hsiang Tseng ★Judy Tsiang ★Katia Tsiolkas ★James Turnbull ★Ole Udsen ★Udo van Unen ★Van Belle Academy ★Rachel Vandernick ★Willem Velthoven ★Alexey Veremeev ★Martijn Verkerk ★Bruno Levi Della Vida ★Vinha.co.uk / Vinha.pt ★Vins d'Olive Japan ★José Vouillamoz ★Bart de Vries ★Stephen W ★Filip de Waard ★Evan D. Walker ★Stan Walker ★Scott Watkins ★Timothy Waud ★Ana Monforte Weijters ★Elizabeth Y. Wells ★Jeff Werthmann-Radnich ★David Wesley ★Simon Wheeler ★Sacha Whelan ★Daniela Wiebogen ★Wijnhuis.Amsterdam ★Colin Wills ★Wine & Soul ★Wine Republic ★Adam Wirdahl ★Michael Wising ★Keita Wojciechowski ★Stephen Wolff ★Silven Wong ★Dana W. Woods ★Bethia Woolf ★Chris & Sara Woolf ★Inigo & Susan Woolf ★Jon & Soumhya Venketesan Woolf ★Phillip Wright ★Robert Wright ★YanFlorijn Wijn ★AlderYarrow ★Ya-Ju Yu ★YukonJen ★Agnes Zeiner

參考書目

Birmingham, David. *A Concise History of Portugal*. 3rd ed. Cambridge: Cambridge University Press, 2018.

Black, Jeremy. *A Brief History of Portugal*. London: Robinson, 2020.

Boylston, Anthea and Penelope Forest. *The Phelps Family and the Wine Trade in 19th Century Madeira: The Story from their Letters*. Self-published, 2017.

De Long, Steve. *Wine Maps of the World*. Las Vegas, NV: De Long Company, 2020.

Delaforce, John. *The Factory House at Oporto*. 2nd ed. London: Christine's Wine Publications, 1983.

Derrick, Michael. *The Portugal of Salazar*. New York: Campion Books, 1939.

Elles, M. J. *Letter in Reply to Mr Lytton's Report & Despatch on Port Wine*. Oporto, *1867*.

Forrester, Joseph James, attrib. *A Word or two on Port Wine [...] shewing how, and why, it is adulterated, and affording some means of detecting its adulterations*. London, 1844.

Forrester, Joseph James. *Portugal and its Capabilities*. London, 1860.

Gallagher, Tom. *Salazar: The Dictator Who Refused to Die*. London: Hurst, 2020.

Gibbons, John. *I Gathered No Moss*. London: Robert Hale, 1939.

Hatton, Barry. *The Portuguese: A Modern History*. Oxford: Signal Books, 2011.

Jeffreys, Henry. *Empire of Booze: British History through the Bottom of a Glass*. London: Unbound, 2016.

Liddell, Alex. *Madeira: The Mid-Atlantic Wine*. 2nd ed. London: Hurst, 2014.

Lynch, Kermit. *Adventures on the Wine Route: A Wine Buyer's Tour of France*. 25th anniversary ed. New York: Farrar, Straus & Giroux, 2019.

Maltman, Alex. *Vineyards, Rocks, and Soils: The Wine Lover's Guide to Geology. Oxford: Oxford University Press, 2018*.

Matos, Fátima Loureiro de. 'A paisagem Duriense a partir de uma obra de John Gibbons'. *Geografia*, Revista da Faculdade de Letras, Universidade do Porto, 3rd series, vol. I (2012), pp. 59–73.

Mayson, Richard. *Portugal's Wines & Wine Makers: Port Madeira & Regional Wines*. London: Ebury Press, 1992.

Mayson, Richard. *Port and the Douro*. 4th ed. Oxford: Infinite Ideas, 2018.

Mayson, Richard. *The Wines of Portugal*. Oxford: Infinite Ideas, 2020.

Page, Martin. *The First Global Village: How Portugal Changed the World*. 7th ed. Alfragide: Casa Das Letras, 2002.

Pereira, Gaspar Martins, et al. *Enciclopédia dos Vinhos de Portugal: Porto e Douro*. Lisbon: Chaves Ferreira, 1998.

Pessoa, Fernando. *Poems of Fernando Pessoa*. Edwin Honig and Susan Brown, transl. San Francisco, CA: City Lights Books, 1998.

Pessoa, Fernando. *The Book of Disquiet: The Complete Edition*. London: Serpent's Tail, 2018.

Robinson, Jancis, and Julia Harding. *The Oxford Companion to Wine*. 4th ed. Oxford: Oxford University Press, 2015.

Robinson, Jancis, Julia Harding and José Vouillamoz. *Wine Grapes: A Complete Guide to 1,368 Vine Varieties, including their Origins and Flavours*. London: Allen Lane, 2012.

額外資訊

Wines of Portugal	winesofportugal.info
ViniPortugal	viniportugal.pt
IVDP – Instituto dos Vinho do Douro e do Porto	ivdp-ip.azurewebsites.net
Catavino	catavino.net
Foot Trodden	foot-trodden.com
Sarah Ahmed – The Wine Detective	thewinedetective.co.uk
Simplesmente Vinho	simplesmentevinho.com

索引

萊恩·歐帕茲（Ryan Opaz）

萊恩於雕刻與繪畫科系畢業後，曾當過廚師、屠夫、藝術老師、演講者、活動主辦者、攝影師，如今也是波特酒兄弟會騎士和波特酒認證講師。萊恩最終結合了自己的專業與熱情創立了Catavino，專門客製葡萄牙精緻美酒美食之旅，同時經營一家有機食品專賣店。萊恩的攝影作品收錄於《橘酒時代：反璞歸真的葡萄酒革命之路》和《Porto：Stories From Portugal’s Historic Bolhao Market》（台灣未出版）。他與妻兒目前定居於波爾圖。

歡迎上網至Catavino.net與萊恩保持聯繫。

賽門・J・沃爾夫 (Simon J Woolf)

受過音樂專業訓練的賽門，在迷戀上葡萄酒前曾作過音響工程師、資訊科技顧問和替代貨幣設計師。他的寫作生涯始於2011年，透過募資創立線上雜誌The Morning Claret，關注自然派、精釀、有機農法與自然動力法葡萄酒的趨勢，成為目前最權威的葡萄酒網路資源之一。他也為Decanter、World of Fine Wine、Noble Rot等實體書和線上雜誌撰文，他的成名作《橘酒時代：反璞歸真的葡萄酒革命之路》於2018年出版，已被翻譯成五國語言，並獲得侯德爾國際酒書作家獎。賽門目前也擔任葡萄酒評審、翻譯、編輯。他熱愛下廚、聽音樂，與伴侶Elisabeth定居在阿姆斯特丹。

歡迎上網至themorningclaret.com與賽門保持聯繫。

中文版 | 跋 —— **屈享平** 葡萄酒作家

聽著，葡萄酒先生
(Oiça lá ó Senhor Vinho)

讀完《腳踩葡萄：遺落在時光裡的葡萄牙酒》這本書，腦中的葡萄牙酒景象，或許是斗羅河旁綿延不絕的梯田台階，或許是里斯本近郊倖存的沙質果園。浮光掠影中依稀存有阿連特茹（Alentejo）在商業上成功，不過那些因歲月而化成碎片的陶甕，只能在角落默默守護著希望土地重分配的窮苦農人。

原書副標題是「葡萄牙與那些被時間遺忘的酒」（Portugal And The Wines That Time Forgot），確實，這本書介紹了許多追尋古法的新銳酒莊，但支撐篇章架構的卻是產區歷史。「在薩拉查時代，維持階級與大型國企利益是當時的首要目標。」於是大型釀酒合作社出現，扼殺了阿連特茹的陶甕文化。然而，歷史本非單面向的線性因果，書中多次提及龐巴爾侯爵在斗羅河的定址畫界，源於利益但貢獻卻是不可磨滅；猶如30年代的科拉雷斯合作社，集權一身卻是風土的忠實守護者。

《腳踩葡萄》在書中似乎是種隱喻，作者心繫的是葡萄牙酒如何從壓抑中重返。那些被遺忘的酒，採自允諾大地的同園混種，萃於人工踏皮的花崗石槽，但一切最終仍須醞醞，薩烏達德大概是最好的心靈陶甕。

薩烏達德（saudade）是無法翻譯的字，它形容一種葡萄牙人深層的感情狀態，帶有渴求、憂鬱和哀傷的情感。

「被遺忘的酒」來自情感，一種淡淡的葡萄牙哀愁。同樣是里斯本近郊的歷史產區，科拉雷斯（Colares）與卡卡維洛斯（Carcavelos）面對都市建地開發，命運卻如同奇士勞斯基的《機遇之歌》，前者寫出歷史，後者走進歷史。這種葡式哀愁無從圈禁隔離，有屬於產區的，也有屬於葡萄園的。酒質精妙的Casa de Mouraz不幸毀於天火，紅白混種的老園酒款Bot，2017成了最後一個年份，感謝酒友Wade Wan的無私分享，當天品飲紀錄只留一個字：Great!

薩烏達德似乎是閱讀葡萄牙大地的鑰匙，為人熟知的法朵（Fado）是最能代表這種情感的音樂形式。書中有言，法朵表現的不僅是私密的失去與死亡，常見主題還有繫屬大地的葡萄美酒。「聽著，葡萄酒先生」，篇名即來自傳奇法朵歌手Amália Rodrigues填詞之歌：若葡萄酒作為一場深情演出，失去與死亡不正是那些「被遺忘的酒」？

一言難盡是屬於作者的，莞爾一笑是屬於讀者的，這本書兼而有之，自是充滿閱讀樂趣。作者嘗言Luís Pato與大女兒Filipa的關係確實是一言難盡；讀者亦知Dirk Niepoort與奧地利前妻Dorli Muhr的故事令人一笑。誰知相隔千里的斗羅河與奧地利葡萄酒竟能相繫，竟能牽成我孱弱葡萄酒經驗的絕大部分，原來見上斗羅河男孩的機會是奧地利之行的因緣，來自姻緣的因緣，我讀來只能莞爾，又怎能拒絕這中文版推薦文的邀請？

苦行自虐不知是否能接近上帝，但翻譯絕對可以。《腳踩葡萄》中譯本是由萬智康與柯沛岑執筆，書中許多句子看似與酒無關，但卻有著沉浸於葡萄酒／葡萄牙的致命吸引力。翻譯之難也正於此，你不可能在證照訓練中體認葡萄牙人「遲疑」的態度彷若一種國民運動，無疑有礙葡萄牙酒在市場上的推行；但閱讀卻可知道葡萄牙人骨子裡的憂鬱和渴望，與他們的認命和謙卑個性息息相關。翻譯上的心智苦勞，字裡行間的斟酌與掙扎，書與酒現下都是如此易得，但讀罷喝盡的文化滿足感卻是大異其趣。這譯本滿載情感，對習於閱讀中文的葡酒愛好者如我，愉悅豈是文字所能承載。

原書並無一味歌頌唐吉訶德式的小農，畢竟追逐理想絕非一帆風順：Paulo Mendes被迫離開豐沙爾合作社，揮別一手打造的改革計畫與團隊；忠於風土的Carvalho夫婦不但破產，António壯志未酬，甚至在踩踏葡萄時離世。書中許多被迫出售酒莊的例子之外，跳出框架的釀酒人還得與官僚體系爭鬥，他們與產區認證機構CVR的衝突不勝枚舉，關鍵誠如書中引用酒評Andrew Jefford所言：

產區概念成為某種風格指南恐怕是件始料未及的事。

我無法在譯本推薦文中一一謝過那些助我理解葡萄牙酒的許多朋友，這不免喧賓奪主且體例荒謬。不過作為原書的募資支持者，「真實風土而無妝飾」會是葡酒未來嗎？《腳踩葡萄》踩著葡萄走回產區，「被遺忘的酒」重現於眾聲喧嘩的今天，未來葡酒的出路？看似去中心化、異質而持續變動的多元酒款，實則走回民間，返回自然的倫理實踐。

中文版｜跋 —— 林裕森 葡萄酒作家

葡萄牙！為什麼？

我的葡萄酒圈朋友們，除了少數幾位，大部分都會覺得，葡萄牙葡萄酒書，跟我有什麼關係？我又不喝波特酒！

如果你也這樣想，沒錯！這本書正是為你而寫的，請不要輕易錯過。至於老派的波特酒迷們，如果還沒有準備好面對全新面貌，正站在風潮浪頭上的葡萄牙，我可能會勸他們先放下這本書吧！

這是Simon J Woolf繼《橘酒時代：反璞歸真的葡萄酒革命之路》（Amber Revolution：How the World Learned to Love Orange Wine）之後和攝影師Ryan Opaz合作的最新作品，單看書名《腳踩葡萄：遺落在時光裡的葡萄牙酒》就知道他們清楚看見了葡萄牙葡萄酒最獨特也最精彩的一面，因曾經被時代所忽略和遺忘，才有機會在今日的葡萄酒世界裡，以他處消失殆盡的舊時傳統為基底，開展出如此繁盛，如此獨特，如此新潮的葡萄酒風味。

且看無嫁接原根種植，混種數十種葡萄的老樹古園；暖化年代最欠缺，即使成熟度再高也不到12%的低酒精度釀酒葡萄品種；在花崗岩寬矮的釀酒石槽中用腳踩踏的古法釀造；流傳民間數百年，多用來自釀自飲的Talha釀酒陶罐等等，在葡萄牙卻都仍是隨處可見。這些不可思議的釀酒傳統，曾經是葡萄牙酒業沒有趕上現代化的落後象徵，但卻完全符應了今日自然無添加，減少人工干預，加強環境友善的釀酒風潮，成為葡萄牙酒業最珍貴的資產。

只是，葡萄牙的釀酒師並不全然以此為傲，當地葡萄酒業的體制也並非以保留這些傳統為目標，但當開始有人發現到這些傳統的價值時，革新的火焰就能被點燃。三十年來親眼看著普里奧拉(Priorat)、埃特納(Etna)、侏羅區

(Jura)和喬治亞從沒沒無聞且乏人問津，卻能一轉身，就吸引酒圈目光成為閃亮明星。蒙塵多時的葡萄牙也同樣蓄積著許多能量，正由新世代的釀酒師們在各自家鄉的風土中釀成無可替代的葡萄酒滋味。

親身體認到如此獨特的葡萄牙，讓Simon和Ryan不得不為葡萄牙葡萄酒寫一本書，讓一直忽視的人們可以看見和理解這裡的美好。但他們聰慧地選擇跳脫教科書般完整的產區介紹，將品酒筆記、地質分析、釀造細節放置一旁，先以獨到的歷史與文化剖析貫穿經緯，後將重心放在重新定義產區精髓的先鋒釀酒師與他們血淚交織，從葡萄酒探索自己的生命經歷。透過一個個像寫進骨子裡的人生故事，竟然編織成了葡萄牙由北到南精闢透澈的產區風貌，以及今日葡萄牙酒業元氣淋漓的最真實樣貌。你將會發現，波特酒之外的葡萄牙，才是真正觸及本質的葡萄牙。

FAVORIUS
Funchal
Madeira
Archipelago
Ponta Delgada
Azores
Archipelago
AUSTER
Lisboa
Santarém
MIRA RIVER
SADO RIVER
Évora
Beja
Faro
Portalegre
GUADIANA RIVER
PORTUGAL
SPAIN
Madeira
Alentejo
Ribatejo
Portugal's
Wine
Landscapes
MAP
by: Zé Miguel Cardoso
hand-drawn
with ballpoint pen

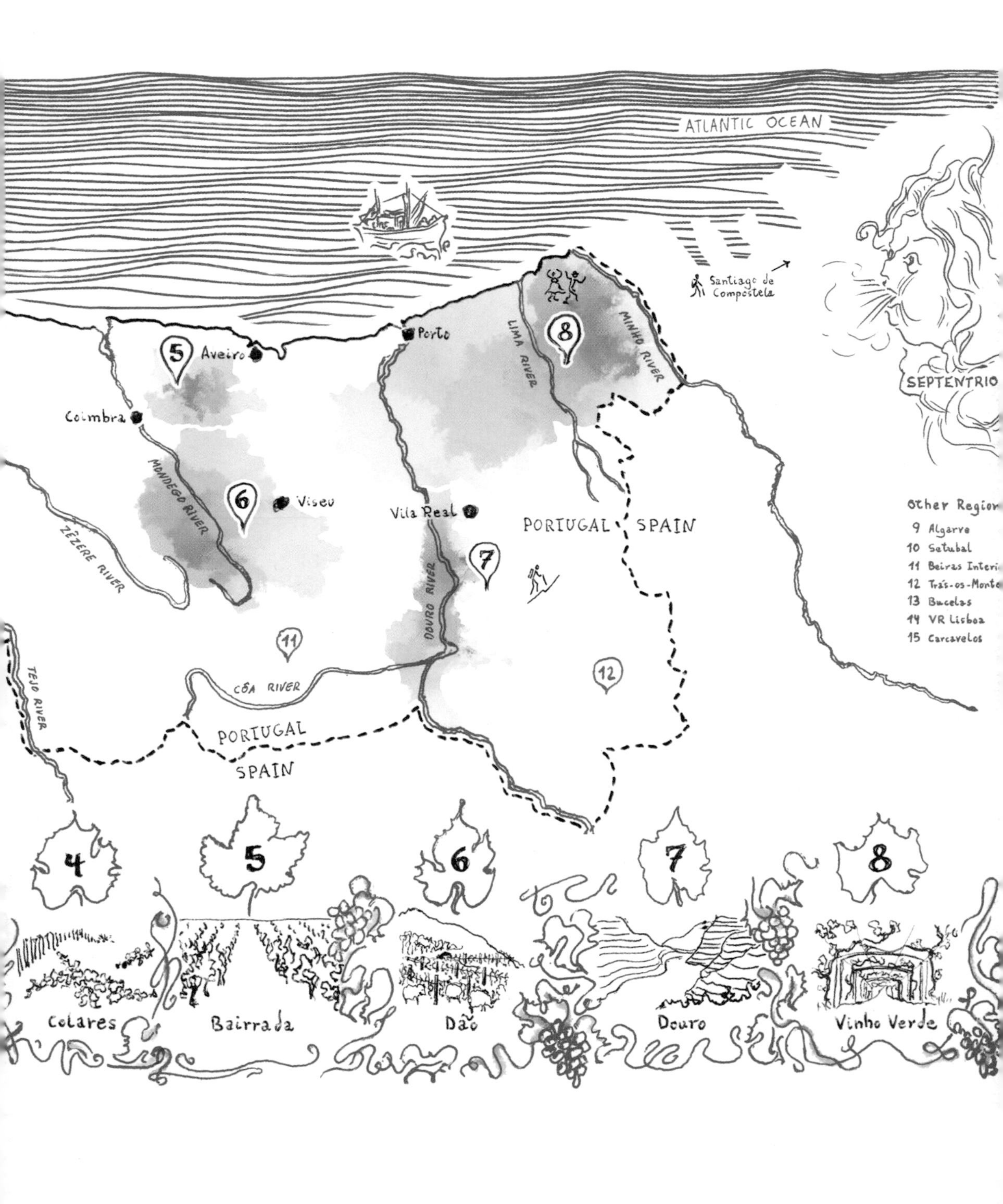
ATLANTIC OCEAN
Santiago de Compostela
SEPTENTRIO
Porto
Aveiro
Coimbra
Viseu
Vila Real
LIMA RIVER
MINHO RIVER
MONDEGO RIVER
ZÊZERE RIVER
DOURO RIVER
CÔA RIVER
TEJO RIVER
PORTUGAL
SPAIN
PORTUGAL
SPAIN
5
6
7
8
11
12
Other Regio
9 Algarve
10 Setubal
11 Beiras Interi
12 Trás-os-Monte
13 Bucelas
14 VR Lisboa
15 Carcavelos
4
5
6
7
8
Colares
Bairrada
Dão
Douro
Vinho Verde

國家圖書館出版品預行編目(CIP)資料

腳踩葡萄：遺落在時光裡的葡萄牙酒 / 賽門J.沃爾夫 (Simon Woolf) 作：柯沛岑,萬智康翻譯.-- 一版.--
高雄市：無境文化事業股份有限公司 , 2022.10 面；公分 譯自：Foot trodden：Portugal and the wines that time forgot
ISBN 978-626-96091-5-4 (平裝) 1.CST：葡萄酒 2.CST：葡萄牙 463.814 111013617